Jochen Mai

Fit fürs Vorstellungsgespräch

karriere bibel

JOCHEN MAI

FIT FÜRS VOR-STELLUNGS-GESPRÄCH

Clever vorbereiten.
Professionell auftreten.
Strategisch nachbereiten.

Die beste Bibliothek zum Thema Karriere

BOOKS4SUCCESS

Gestaltung Cover: Daniela Freitag
Gestaltung, Satz und Herstellung: Timo Boethelt
Vorlektorat: Claus Rosenkranz
Korrektorat: Sebastian Politz
Druck: GGP Media GmbH, Pößneck

ISBN 978-3-86470-866-4

Bibliografische Information der Deutschen Nationalbibliothek:
Die Deutsche Nationalbibliothek verzeichnet diese Publikation in der Deutschen Nationalbibliografie; detaillierte bibliografische Daten sind im Internet über <http://dnb.d-nb.de> abrufbar.

BÖRSEN MEDIEN
AKTIENGESELLSCHAFT

Postfach 1449 • 95305 Kulmbach
Tel: +49 9221 9051-0 • Fax: +49 9221 9051-4444
E-Mail: info@plassen-buchverlage.de
www.books4success.de
www.facebook.com/plassenverlag
www.instagram.com/plassen_buchverlage

INHALT

Persönliches Vorwort **9**

1. Die Vorbereitung

Termin bestätigen oder verschieben 15
Besseres Angebot: Termin absagen? 27
Stellenanzeige analysieren 30
Bewerbungsunterlagen durchgehen 33
Auf Nachfragen vorbereiten 34
Kleidung wählen 38
Checkliste für die Anreise 41

2. Interview-Psychologie

Körpersprache und Körperhaltung 47
Prüfungsangst überwinden 53
Schluss mit diesen Mythen! 58
Das richtige Mindset 61

3. Professionell überzeugen – in 5 Phasen

So laufen Jobinterviews ab 67
Phase 1: Begrüßung mit Small Talk 69
Phase 2: Die Selbstpräsentation 75
Phase 3: Kennenlernen, Fragen und Antworten . 83
Phase 4: Rückfragen 120
Phase 5: Verabschiedung 127
Checkliste für das Vorstellungsgespräch . . . 132

4. Sonderformen

Das Telefoninterview 140
Das Videointerview 145
Das Assessment-Center 150

5. Vorstellungsgespräch retten

Die 11 schlimmsten Fehler 167
Woran Sie merken, wie es gelaufen ist 172
Wie Sie Patzer ausbügeln 176
Vorstellungsgespräch abbrechen? 179

6. Die Nachbereitung – die heimliche 6. Phase

Zwischenbilanz mit 2 Fragen 187
Arbeitgeber-Check:
Wie gut ist der Laden wirklich? 188
Selbstanalyse: Wie war ich? 193
Punkten mit dem Dankschreiben 196
Keine Reaktion: Was tun? 199
Zählt eine mündliche Jobzusage? 201
Immer weiter bewerben! 203

Fazit 209

Literaturverzeichnis 210

Mehr Tipps von Karrierebibel im Internet . . . 211

Persönliches Vorwort

Die Einladung zum Vorstellungsgespräch ist da – Glückwunsch! Gleichzeitig nimmt die Gefühlsachterbahn Fahrt auf und in die Vorfreude mischen sich erste Zweifel: Was kommt auf mich zu? Schaffe ich das? Wie überzeugt man im Vorstellungsgespräch? Wie kann ich mich optimal vorbereiten? Worauf achten Personaler besonders? Und gibt es Tricks, wie ich den Traumjob wirklich bekomme? Genau in dieser Situation wird der vorliegende Ratgeber zur verlässlichen Orientierungshilfe. Ich führe Sie auf den folgenden Seiten Schritt für Schritt hinter die Kulissen des Vorstellungsgesprächs und zeige Ihnen auf der Grundlage jahrelanger Erfahrung, worauf es ankommt, um diese zweite große Jobhürde mit Bravour zu überspringen.

Zum Thema Vorstellungsgespräch gibt es natürlich schon unzählige Bücher und Internetquellen. Aber genau das ist das Problem: Die Fülle an teils widersprüchlichen Informationen macht es für Sie nicht leichter, Dichtung und Wahrheit sind nur noch schwer zu unterscheiden. So mancher Karriereguru wiederholt virtuos, was andere schreiben – ohne jedoch über eigenes Know-how zu verfügen; so manche Bewerbungsqueen positioniert sich zwar lautstark auf digitalen Bühnen, doch fehlt der Vehemenz der Meinung auch die Substanz der Erfahrung.

Hier ist es genau umgekehrt: Ich beschäftige mich mit diesen Themen seit mehr als 30 Jahren, 15 davon allein auf Karrierebibel.de. Dieses Buch ist also keine graue Theorie – die zahlreichen Empfehlungen, Tipps und Insidertricks stammen aus jahrelanger Praxis, Interviews und Feedbacks und haben schon Tausenden Karrierebibel-Leserinnen und -Lesern zum Wunschjob verholfen. Das können Sie nicht nur nachlesen (zum Beispiel hier: https://karrierebibel.de/fan-feedback/), es werden auch meine vielen Coaching-Kollegen und -Profis sowie die vielen Personaler bestätigen, mit denen wir regelmäßig zusammenarbeiten.

Nutzen Sie den Ratgeber also so, wie Sie es gerade brauchen: zur Information über die verschiedenen Arten von Vorstellungsgesprächen und deren Aufbau und Ablauf – oder als Arbeitsbuch und Trainingshilfe, mit dem Sie sich gezielt und kurzfristig auf das kommende Jobinterview vorbereiten können. So oder so: Das Buch ist eine gezielte und perfekte Vorbereitung; Sie können es zudem immer wieder im Laufe Ihres Berufslebens nutzen. Die meisten Arbeitnehmer wechseln heute im Schnitt bis zu sieben Mal den Job. Ich glaube sogar, dass sich diese Zahl aufgrund dynamischerer Arbeitsmärkte und mehr Flexibilität erhöhen wird. Damit lohnt sich der Ratgeber noch mehr und wird sich mit jedem neuen Job auszahlen.

Neben vielen praktischen Tipps zu typischen Fragen und überzeugenden Antworten im Bewerbungsgespräch erfahren Sie auch, was Sie beispielsweise im Interview per Telefon oder per Video beachten sollten oder welche Art von Aufgaben Sie in einem Assessment-Center erwartet. Egal um welche Art von Gespräch es sich handelt: Ich begleite Sie da durch!

Und ich danke Ihnen schon jetzt für Ihr Vertrauen und verspreche, dass Sie nicht enttäuscht sein werden. Mehr noch: Ich bin sicher, dass Sie mithilfe dieses Buchs (und der enthaltenen Extras) Ihre Jobchancen um mindestens 200 Prozent steigern. Also: Lassen Sie uns gleich loslegen und gemeinsam IHREN Traumjob ergattern ...

Ihr Jochen Mai

PS: Vor Ihnen liegt ein sogenanntes *phygitales* Buch. Bedeutet: Es ist ein Mix aus physischem Buch und digitalen Extras. Um Ihnen zusätzlichen Mehrwert zu bieten, finden Sie an einigen ausgewählten Stellen im Buch Links zu weiterführenden Artikeln auf Karrierebibel.de sowie QR-Codes, die Sie zu weiteren Videos, Interviews oder nützlichen Tipps führen. Scannen Sie diese einfach mit Ihrer Smartphone-Kamera ein – schon bekommen Sie die kostenlosen Bonus-Inhalte …

Um Sie auf dieses phygitale Buch einzustimmen, habe ich einen persönlichen Gruß für Sie vorbereitet – mein persönliches Vorwort für Sie! So sehen Sie gleich, wer hier mit und zu Ihnen spricht beziehungsweise schreibt:
https://karrierebibel.de/vorstellungsgespraech-buch-vorwort/

PPS: In diesem Buch wird aus Gründen der besseren Lesbarkeit das generische Maskulinum verwendet. Weibliche und anderweitige Geschlechteridentitäten werden dabei ausdrücklich mitgemeint, soweit es für die Aussage erforderlich ist.

Kapitel 1

DIE VORBEREITUNG

„Du musst nicht spitze sein,
um anzufangen. Aber du
musst anfangen,
um spitze zu werden."

Zig Ziglar

Termin bestätigen oder verschieben

Nun ist es also so weit: Ihre Bewerbung – schriftlich oder digital – war erfolgreich und Sie sind eine Runde weiter ... Klasse! Das ist ganz allein Ihr Erfolg. Die Einladung zum Vorstellungsgespräch ist ein gutes Zeichen! Sie haben vieles richtig gemacht, haben zahlreiche andere Bewerber aus dem Feld geschlagen und mit substanziellen Qualifikationen und relevanten Kompetenzen überzeugt. Seien Sie also nicht zu schüchtern, sondern fühlen Sie sich ruhig schon ein bisschen wie ein Gewinner. Keine falsche Bescheidenheit! Solche Gedanken machen Sie nur wieder klein – und können sich auch im Vorstellungsgespräch negativ auswirken.

Die Einladung zum Vorstellungsgespräch ist aber zugleich eine erste große Chance für Sie, die viele Kandidatinnen und Kandidaten ungenutzt verstreichen lassen: Sie freuen sich darüber – und bereiten sich auf den Termin vor. Mehr nicht. Und das ist ein Fehler!

Sie haben mit der Einladung ein wunderbares Geschenk erhalten, um per Antwort gleich eine persönliche Beziehung zum Personaler aufzubauen und sich einen Informationsvorsprung vor Ihren Mitbewerbern zu erarbeiten. Der erste Tipp lautet daher: Lesen Sie sich das Einladungsschreiben aufmerksam durch. Um sich optimal auf das Vorstellungsgespräch vorzubereiten, achten Sie bitte besonders auf folgende Informationen. Am besten notieren Sie gleich hier, was für Ihren Termin wichtig ist:

Datum: Wann findet das Jobinterview statt?

____

Ort: Gibt es eine Adresse für das Bewerbungsgespräch?

____

Dauer: Wie lange soll das Vorstellungsgespräch dauern?

____

Teilnehmer: Wer lädt ein, wer ist anwesend?

____

Formalia: Müssen Sie zum Gespräch etwas mitbringen?

____

Kosten: Wer übernimmt die Fahrtkosten?

____

Die Antworten verraten Ihnen bereits viel darüber, was auf Sie zukommt. Die Anzahl der Teilnehmer oder die Dauer des Vorstellungsgesprächs ist beispielsweise ein gutes Indiz dafür, ob es sich um eine grobe erste Vorauswahl, ein strukturiertes Interview oder sogar um ein Assessment-Center handelt.

Fehlen einige dieser Informationen, ist das nicht tragisch, im Gegenteil: Das gibt Ihnen jetzt die Gelegenheit, mit Ihrer Antwort den Termin zu bestätigen und gleichzeitig gezielt nachzufragen. Neben Ihrem Interesse unterstreicht das auch

Ihre Professionalität und sorgt so für einen weiteren Pluspunkt bei den Personalentscheidern.

Bestätigen per Telefon oder E-Mail?

Grundsätzlich können Sie auf eine Einladung zum Vorstellungsgespräch per E-Mail oder per Telefon antworten. Meist reicht eine kurze E-Mail aus, um den Termin zu bestätigen und zuzusagen.

Ein Telefonat ist sinnvoller bei Rückfragen, die Sie noch vor dem Gespräch klären müssen. Der Anruf bietet gleichzeitig gute Ansätze, an die Sie im späteren Jobinterview anknüpfen können. Wenn Sie sich für die telefonische Zusage entscheiden, sollten Sie allerdings immer einen Grund für Ihren Anruf nennen – wichtige offene Fragen zum Beispiel.

Gut vorbereitet

Gehen Sie bitte nie unvorbereitet in ein Telefonat! Aus der Terminbestätigung kann sich schnell ein kleines Interview entwickeln. Bevor Sie das Vorstellungsgespräch telefonisch zusagen, sollten Sie deshalb Ihre Bewerbungsunterlagen noch einmal aufmerksam durchlesen und sich kurz in das Stellenangebot vertiefen, um mögliche Rückfragen der Personaler beantworten zu können.

Wie schnell reagieren?

Auf die Einladung zum Bewerbungsgespräch würde ich immer zeitnah antworten, idealerweise noch am selben oder am darauffolgenden Tag. Alles andere nährt Zweifel an Ihrer Motivation. Sein Gegenüber warten zu lassen, um eine hohe Nachfrage zu suggerieren, ist riskant. Unter Umständen ist Ihr potenzieller Arbeitgeber ebenfalls gefragt, der Markt an vergleichbaren Stellen leer gefegt oder Ihre Konkurrenz stark und schneller. Außerdem kann es unhöflich oder unsicher wirken, den vermeintlichen Wunscharbeitgeber warten zu lassen. Freuen Sie sich also ruhig kurz über die Bestätigung – dann aber formulieren Sie zügig eine Antwort …

Die Antwort formulieren

Wenn Sie keine Fragen haben und den Vorstellungstermin nur bestätigen wollen, sollte Ihre Antwort zwei Botschaften enthalten:

- *Bedanken Sie sich zunächst für die Einladung und drücken Sie Ihre Freude darüber aus. Damit unterstreichen Sie Ihre Motivation und das anhaltende Interesse an der Stelle.*
- *Bestätigen Sie im zweiten Satz den Termin – und zwar ausdrücklich. Schreiben Sie, dass Sie zum angegebenen Datum und Zeitpunkt zum Gespräch kommen werden.*

Manchmal werden Sie darum gebeten, selbst einen Terminvorschlag in einem bestimmten Zeitraum zu machen. In diesem Fall nennen Sie natürlich den von Ihnen gewählten Termin, wenn Sie die Einladung bestätigen. Das alles muss nicht einmal lang sein oder in Prosa ausarten. Wenige Sätze reichen für diese Antwort schon aus. Eine mögliche Musterbestätigung (per E-Mail) könnte zum Beispiel so formuliert sein:

> *Sehr geehrte Frau ______,*
> *vielen Dank für Ihre Einladung zum Vorstellungsgespräch. Gern nehme ich diesen Termin am TT.MM.JJJJ um 00 Uhr wahr. Ich freue mich auf das persönliche Kennenlernen. Bis dahin verbleibe ich*
> *mit besten Grüßen*
> *[Unterschrift]*

Bei einer telefonischen Bestätigung des Termins können Sie wiederum Folgendes sagen:

> *Guten Tag Herr _______, vielen Dank für Ihre Einladung zum Vorstellungsgespräch für die Stelle als [Jobtitel]. Darüber habe ich mich sehr gefreut. Gern bestätige ich Ihnen den Termin am TT.MM.JJJJ um 00 Uhr. Ich freue mich auf unser persönliches Kennenlernen. Haben Sie noch Fragen an mich oder soll ich etwas Spezielles mitbringen?*

Genau diese offenen Fragen am Schluss ermöglichen Ihnen, aus der simplen Terminbestätigung einen ersten Dialog zu machen und einige weitere Infos im Gespräch herauszukitzeln. Zum Beispiel, wer noch anwesend sein wird (anschließend googeln!) oder ob Sie etwas mitbringen sollen – zum Beispiel Arbeitsproben oder eine kurze Präsentation. Mutigere dürfen auch fragen, wer die Reisekosten bezahlt. Üblich ist (falls das nicht explizit ausgeschlossen wurde): Wer einlädt, bezahlt auch die Spesen.

Den Termin verschieben?

So sehr Sie sich auch über die Einladung zum Vorstellungsgespräch freuen: Es kommt vor, dass der Termin so gar nicht passt. Deshalb bitten gute Arbeitgeber auch darum, dass Sie den in der Einladung genannten Wunschtermin bestätigen. Ihn aus dringenden Gründen zu verschieben ist daher völlig legitim. Solange Sie aus guten Gründen um eine Terminverschiebung bitten, müssen Sie nicht befürchten, dass dies Ihre Bewerbungschancen schmälert. Auch wenn sich dadurch die Reihenfolge der Bewerber in der Endauswahl verschiebt und ein anderer Kandidat Ihren bisherigen Termin bekommt: Überzeugen müssen Sie beide. Genau darauf kommt es letztlich an.

Kurz gecheckt

Machen Sie sich klar: Ein Arbeitgeber, der schon beim Termin das Verständnis und die Flexibilität einer Eisenstange zeigt, verhält sich vermutlich später im Arbeitsalltag genauso. In diesem Fall funktioniert die Bitte um Terminverschiebung wie ein zusätzlicher Arbeitgeber-Check: Wollen Sie wirklich für jemanden arbeiten, der bei diesem Punkt stur bleibt? Eben.

Gute Gründe für eine Verschiebung

Tatsächlich gibt es gute und schlechte Gründe dafür, ein Vorstellungsgespräch zu verschieben. Das hier sind die guten:

1. **Bestehende Geschäftstermine**
   Falls Sie sich aus ungekündigter Position bewerben, müssen Sie für das Vorstellungsgespräch wahrscheinlich Urlaub nehmen – diskret natürlich. Möglicherweise kommt es zu Kollisionen mit anderen Geschäftsterminen, weil Sie ein Projekt abschließen und präsentieren müssen oder an dem Tag einen wichtigen Kundentermin haben. Das hat Vorrang. Der neue Arbeitgeber wird das nicht nur verstehen, sondern Ihre Loyalität und Gewissenhaftigkeit zu schätzen wissen.

2. **Private Verpflichtungen**
   Vielleicht haben Sie schon lange einen Urlaub im Ausland geplant und gebucht, der beste Freund heiratet oder Ihr Patenkind wird getauft oder eine wichtige Klausur muss an dem Tag geschrieben werden: Auch in solchen Fällen dürfen Sie auf Verständnis für eine Terminverschiebung hoffen.

3. **Kurzfristige Erkrankung**
   Eine kurzfristige Erkrankung – auch die Ihres Kindes – ist ebenfalls ein guter Grund. Es versteht sich aber von selbst, dass Sie mit dieser Begründung maximal zwei Tage vor dem Vorstellungsgespräch absagen können. Eine Absage nach dem Motto „Am Mittwoch in zwei Wochen bin ich leider erkältet" wäre mehr als unglaubwürdig. Wer kurzfristig erkrankt, sollte das so früh wie möglich telefonisch oder per E-Mail mitteilen und um einen neuen Termin bitten. Sich krank zum Termin zu schleppen gefährdet nur andere und ist daher auch tabu.

Schlechte Gründe für eine Verschiebung

Apropos tabu: Es gibt auch schlechte Begründungen für eine Terminänderung. Viele davon sind nicht nur tabu, weil sie respektlos sind, sondern auch, weil sie pures Desinteresse verraten. Dazu zählen zum Beispiel:

1. Anderes Vorstellungsgespräch

Klingt zwar ehrlich, ist aber dämlich. Der Hinweis, an dem Tag haben Sie schon ein anderes Bewerbungsgespräch, lässt Sie nicht begehrter erscheinen. Die Absage ist in Wahrheit ein Affront. Im Subtext sagen Sie: „Ihr seid nur zweite Wahl, ich mache erst mal das andere Gespräch." Und nur wenige Kandidaten können sich ein solches Pokerspiel leisten. Überdies würde ich auch nie empfehlen, zwei Vorstellungsgespräche an einem Tag zu führen. Das zweite wird immer schlechter ausfallen, weil die Konzentration nachlässt und Sie innerlich vergleichen.

2. Regelmäßige Therapiesitzung

Eigentlich ein No-Brainer, ich habe es aber schon selbst erlebt. Absagen mit Hinweis auf eine Therapie sind echte Bewerbungskiller. Eine regelmäßige Behandlung wegen chronischer Schmerzen oder psychischer Probleme nährt Zweifel an der Leistungsfähigkeit und geistigen Gesundheit eines Kandidaten. Das geht den Arbeitgeber auch nichts an.

3. Geplanter Arzttermin

Ein lange geplanter Kontrollbesuch beim Zahnarzt oder ein regulärer Vorsorgetermin lässt sich verschieben, ohne dass Leib und Leben in Gefahr sind. Eine

Bitte um Verschiebung beim potenziellen Arbeitgeber würde indes ein falsches Signal setzen: So wichtig ist Ihnen der Job anscheinend nicht ...

4. Fehlende Begründung

Der schlechteste Grund von allen ist aber, gar keinen Grund zu nennen. Verzichten Sie auf Absagen nach dem Muster „Tut mir leid, da kann ich nicht." Oder: „An dem Tag bin ich verhindert." Jobinterviews sind kein Wunschkonzert. Eine nicht plausible Absage drückt geringe Wertschätzung aus – obwohl der Arbeitgeber sein Interesse durch die Einladung schon bekundet hat. Das ist in etwa so, als fragte man seine(n) Liebste(n): „Willst du mich heiraten?" Der oder die Angebetete sagt „Ja" – und man antwortet: „Toll, aber bitte nicht am Donnerstag, da treffe ich mich schon mit Freunden ..."

Generell gilt: Eine Verhinderung wegen geschäftlicher Termine wirkt besser und souveräner als eine Verhinderung aus privaten Gründen. Eine Notlüge aus vermeintlicher Höflichkeit mag hier und da besser sein, als falsche Gründe zu nennen. Am besten aber finde ich Ehrlichkeit – aus den richtigen Gründen. Ansonsten: Setzen Sie das Gespräch an die erste Stelle! Sie haben sich dort beworben, es ist Ihr Traumjob – warum jetzt, kurz vor dem Ziel, andere Prioritäten setzen?

Wie telefonisch verschieben?

Für die Bitte um einen neuen Termin empfiehlt sich in der Regel der direkte Draht per Telefon. So können Sie am schnellsten gemeinsam mit Ihrem Ansprechpartner einen Alternativtermin finden und wirken auch noch glaubwürdig. Falls Sie die

Telefonnummer nicht haben (sie sollte normalerweise in der Einladung stehen), können Sie sich über die Zentrale zur Personalabteilung verbinden lassen. Wichtig ist nur, dass Sie vor dem Gespräch zwei bis drei alternative Termine auswählen. Das wirkt deutlich professioneller und lösungsorientierter, als auf jeden neuen Vorschlag mit „Moment … da kann ich leider auch nicht!" zu antworten.

Wie schriftlich verschieben?

Wenn Sie den Termin lieber schriftlich verschieben wollen – weil vielleicht Ihre Gründe nicht ganz so eindeutig und gut sind –, gehen Sie beim Aufbau der E-Mail oder des Briefs am besten nach diesem Muster vor: Zuerst für die Einladung bedanken und Freude darüber zum Ausdruck bringen. Dann mit Bedauern den ursprünglichen Termin absagen und um einen Alternativtermin bitten. Schließlich selbst zwei bis drei Gesprächstermine vorschlagen. Beispielhaft könnte die Bitte um eine Terminverschiebung so aussehen:

Sehr geehrte Frau ____,

herzlichen Dank für die Einladung zum Vorstellungsgespräch. Darüber habe ich mich sehr gefreut – nicht zuletzt, weil ich an der Position weiterhin enorm interessiert bin.
Leider habe ich an dem vorgeschlagenen Termin am TT.MM.JJJJ schon eine wichtige private Verpflichtung (Hochzeit meines besten Freundes, ich bin Trauzeuge), die ich nicht verschieben kann. Deshalb müssten wir bitte einen Ersatztermin finden. Als Alternative kann ich Ihnen vorschlagen:

Montag, den TT.MM.JJJJ um 15 Uhr
Mittwoch, den TT.MM.JJJJ um 10 Uhr
Donnerstag, den TT.MM.JJJJ um 17 Uhr

Ich hoffe, einer der genannten Termine kommt für Sie infrage. Ich freue mich auf Ihre Rückmeldung und unser persönliches Kennenlernen.

Mit besten Grüßen
[Unterschrift]

Oder Sie formulieren ausführlicher ähnlich wie in diesem Beispiel:

Sehr geehrter Herr ____,

Ihre Einladung zum Vorstellungsgespräch hat mich riesig gefreut – vielen Dank. Sie sind mein absoluter Wunscharbeitgeber!
Wie Sie aus meiner Bewerbung wissen, bin ich zurzeit noch in einem Beschäftigungsverhältnis und habe ausgerechnet an dem von Ihnen vorgeschlagenen Tag einen wichtigen und lange geplanten Kundentermin, den ich nicht verschieben kann. Ich bitte um Verständnis, dass wir einen Ausweichtermin für das Vorstellungsgespräch finden müssen – gern auch kurzfristig. Alternativ könnte ich Ihnen folgende Ersatztermine anbieten:

Dienstag, den TT.MM.JJJJ um 11 Uhr
Freitag, den TT.MM.JJJJ um 10 Uhr

Falls das von Ihrer Seite aus nicht passt, können Sie mich gern abends ab 18 Uhr mobil zurückrufen unter 0123 45 67 88 90, um einen anderen Gesprächstermin zu finden. Ich danke für das Entgegenkommen und freue mich schon auf das persönliche Kennenlernen.

Mit freundlichen Grüßen
[Unterschrift]

Ist ein Vorstellungsgespräch Arbeitszeit?

Grundsätzlich gilt: Das Vorstellungsgespräch bei einem anderen Arbeitgeber ist Privatsache, Sie müssen dafür Urlaub nehmen. Allenfalls ein internes Vorstellungsgespräch bei einer Bewerbung innerhalb des eigenen Betriebs fällt unter die Arbeitszeit.
Aber keine Regel ohne Ausnahme: Erlaubt ist die Jobsuche während der Arbeitszeit nach einer gültigen Kündigung. Innerhalb der Kündigungsfrist – also auch, wenn Sie noch beim bisherigen Arbeitgeber beschäftigt sind – dürfen Sie Bewerbungen schreiben und auch zum Vorstellungsgespräch gehen. Sogar während der Arbeitszeit! Das regelt § 629 BGB. Demnach ist Arbeitnehmern eine „angemessene Zeit zum Aufsuchen eines anderen Dienstverhältnisses zu gewähren". Der Anspruch auf Freistellung gegenüber dem Arbeitgeber besteht für alle Termine, die der Arbeitssuche dienen. Dazu zählen Vorstellungsgespräche, Eignungstests oder Besuche beim Jobcenter. Nicht abgedeckt sind allerdings Probearbeitstage beim neuen Arbeitgeber. Für die müssen Sie wieder Urlaub nehmen.

Besseres Angebot: Termin absagen?

Ein Luxusproblem – aber auch das kommt vor: Sie haben inzwischen ein besseres Jobangebot erhalten oder wollen aus privaten Gründen wegziehen. Kurzum: Sie wollen den Job gar nicht mehr und müssen das Vorstellungsgespräch nicht verschieben, sondern ganz absagen.

Leider werden jetzt einige Bewerber grob unhöflich und „ghosten". Bedeutet: Sie melden sich nicht mehr, erscheinen auch nicht zum Gespräch und sind wie ein Geist komplett von der Bildfläche verschwunden. Zugegeben, das machen leider auch einige Arbeitgeber. Es bleibt aber von beiden eine grobe Stillosigkeit, die weniger von Professionalität und menschlicher Größe als vielmehr von Kleingeistigkeit zeugt. Bleiben Sie daher auch bei einer Absage immer höflich und respektvoll. Reden Sie aber auch nicht um den heißen Brei herum: Klare Kante und die Wahrheit kommen besser an.

Wer ein Vorstellungsgespräch nicht absagt, verschwendet die Zeit von gleich mehreren Personen. Bedenken Sie: Mit Ihrer Absage eröffnen Sie anderen Bewerbern eine Chance, nachzurücken. Seien Sie also fair anderen Bewerbern gegenüber – Sie würden das auch wollen. Außerdem ist eine Absage für Personaler nie angenehm. Der Aufwand für einen neuen Termin geht weit über die Gesprächszeit hinaus. Freie Termine müssen gefunden und mit Kollegen koordiniert werden – eventuell auch mit Vorgesetzten, Betriebsrat et cetera. Mit einer klaren Absage hinterlassen Sie also – trotz des negativen Inhalts – einen positiven Eindruck. Gut so! Man sieht sich immer zweimal im Leben. Aktuell interessieren Sie Job und Arbeitgeber nicht mehr, in ferner Zukunft ist das vielleicht wieder anders. Und auch Personaler wechseln ihre Jobs und Arbeitgeber. Glauben Sie mir: Einen Bewerber, der Sie hat hängen lassen, vergessen Sie nicht. Der hat bei Ihnen keine Chance mehr … Warum das alles riskieren?

Auch bei einer Absage haben Sie wieder die Wahl zwischen E-Mail und Telefon. Orientieren Sie sich an der Faustregel: Je kurzfristiger die Absage ist, desto besser ist es, zum Telefonhörer zu greifen. Notfalls können Sie so ein Vorstellungsgespräch noch am selben Tag elegant absagen. Das Wichtigste bei der Begründung ist wiederum, dass Sie kurzfristig (!) absagen, also den Arbeitgeber nicht lange haben warten lassen (auch wenn das der Fall war), und dass Sie trotzdem respektvoll bleiben und sich für die Einladung und das damit verbundene Vertrauen bedanken.

Wie die Absage formulieren?

Idealerweise folgt eine Absage dem Muster: Absage – Entschuldigung mit guter Begründung – Dank und Abschiedsgruß. Dafür reichen wieder wenige Sätze, die beispielsweise so aussehen können:

> *Sehr geehrte Frau _____,*
>
> *vielen Dank für Ihre Einladung zu einem Vorstellungsgespräch und das gezeigte Interesse. Ich habe mich inzwischen entschieden, das Angebot eines anderen Unternehmens anzunehmen, und werde deshalb den Termin bei Ihnen nicht wahrnehmen. Für die Ihnen daraus entstehenden Umstände entschuldige ich mich und bedanke mich gleichzeitig für Ihr Verständnis.*
>
> *Mit freundlichen Grüßen*
> *[Unterschrift]*

Alternativ können Sie auch ohne Angabe von Gründen absagen. Beispiel:

Sehr geehrter Herr _____,

vielen Dank für die Einladung und Möglichkeit zum persönlichen Gespräch. Allerdings möchte ich hiermit meine Bewerbung für die ausgeschriebene Stelle zurückziehen. Daher muss ich auch das Vorstellungsgespräch am TT.MM.JJJJ absagen. Für die Umstände entschuldige ich mich.

Mit freundlichen Grüßen
[Unterschrift]

Bezug in Betreffzeile nennen

Falls Sie Ihre Absage per E-Mail versenden, ergänzen Sie in der Betreffzeile bitte direkt das Wort „Absage" mit einem Bezug zur Stellenausschreibung und zum geplanten Termin. So kann der Empfänger die Absage sofort zuordnen. Eine solche Betreffzeile könnte lauten:

Absage – Stellenangebot vom TT.MM.JJJJ, Referenz-Nr. 98765-4
Absage – Vorstellungsgespräch am TT.MM.JJJJ, Referenz: 98765-4

Stellenanzeige analysieren

Auch das gehört zur gründlichen Vorbereitung: Bevor Sie ins Gespräch gehen, sollten Sie noch einmal zur Stellenanzeige greifen, auf die Sie sich beworben haben, und diese aufmerksam durchlesen: Auf welche Muss- und Kann-Qualifikationen legt der künftige Arbeitgeber besonderen Wert? Was steht zwischen den Zeilen? Wie wirkt die Stellenanzeige – heute – auf Sie? Was sagt Ihr Bauchgefühl? All diese Informationen liefern Ihnen erneut wichtige Hinweise für das Vorstellungsgespräch und was dort auf Sie zukommen kann.

Jede Stellenanzeige enthält jede Menge Subtext, der viel über einen Arbeitgeber verrät. In diesem ausführlichen Ratgeber erfahren Sie, wie Sie Stellenanzeigen richtig lesen, um mehr über Jobs und Unternehmen zu erfahren …
https://karrierebibel.de/stellenanzeigen/

Recherchieren Sie außerdem noch einmal aktuelle Informationen über Arbeitgeber und mögliche Gesprächsteilnehmer. Namen und Profile Ihrer Gesprächspartner können Sie im Internet zum Beispiel auf LinkedIn oder Xing suchen. Oder über Google – auch via Bildersuche. Ziel der Aktion ist, potenzielle Gemeinsamkeiten zu finden, die sich als Gesprächseinstiege und für den Small Talk eignen. Gemeinsamkeiten erzeugen sofort Sympathien und sind erstklassige Eisbrecher.

Auch über das Unternehmen sollten Sie vorab weitere Informationen sammeln. Erstens können Sie Personaler besser überzeugen, wenn Sie wissen, welche Mitarbeiter und Talente diese suchen oder wohin sich das Unternehmen entwickelt. Zweitens gewinnen Sie Erkenntnisse für mögliche Rückfragen. Je mehr Sie wissen, desto besser für Sie und das Gespräch. Sie wollen dort schließlich die kommenden Jahre arbeiten! Dann sollten Sie Ihren Arbeitgeber in spe auch gut kennen – über das hinaus, was in der Stellenanzeige steht. Substanzielle Informationen finden Sie überdies auf der Firmenhomepage, in Jobbörsen oder in der Presse.

Checkliste zur Vorab-Recherche

Damit Ihre Vorbereitung systematischer wird, finden Sie im Folgenden eine Checkliste mit wichtigen Fragen. Versuchen Sie all diese Informationen noch vor dem eigentlichen Interview zu recherchieren – und machen Sie sich am besten gleich hier dazu Notizen:

Welche Firmenstandorte gibt es? Wo sitzt die Zentrale?

____

Wie viele Mitarbeiter hat der Arbeitgeber?

____

Welche Produkte oder Dienstleistungen bietet die Firma an?

____

Wie erfolgreich ist das Unternehmen aktuell?

____

Wer sind die wichtigsten Wettbewerber?

____

Wie viele neue Mitarbeiter werden derzeit gesucht?

____

In welchen Bereichen und warum?

____

Wohin will sich der Arbeitgeber entwickeln?

____

Welche Rolle spielt dabei Ihre Wunschstelle?

____

Was braucht der perfekte Kandidat für diese Position?

____

Was davon bringen Sie mit?

____

Was sind Ihre Alleinstellungsmerkmale?

____

Was kann jemand mit Ihren Qualifikationen in der Position verdienen?

Bewerbungsunterlagen durchgehen

Gehen wir davon aus, dass sich Ihr Gesprächspartner ebenfalls auf das Vorstellungsgespräch vorbereitet (was leider nicht immer der Fall ist), dann kennt er Ihre eingereichten Bewerbungsunterlagen. Sie auch noch? Ganz ehrlich: Es wirkt nicht gerade professionell, wenn Sie bei Nachfragen zu Ihren eigenen Angaben ins Stottern oder langes Nachdenken geraten. Für Ihre Vorbereitung bedeutet das: Kennen Sie Ihre eigene Bewerbung! Nur so werden Sie sich nicht in Widersprüche verstricken, Stationen im Werdegang durcheinanderbringen oder plötzlich nichts mehr von Hobbys wissen, die Sie irgendwann angegeben haben.

Und falls Ihr Gegenüber unvorbereitet ist: Nicht ärgern! Dadurch bietet sich Ihnen sogar eine Chance für Extrapunkte. Bringen Sie für diesen Fall ein Handout als Gedächtnisstütze mit. Es kommt durchaus vor, dass Personaler von Meeting zu Meeting hetzen und sich deshalb nicht mehr an Details Ihrer Bewerbung erinnern können. Als Top-Kandidat rechnen Sie damit und bringen deshalb eine knackige Übersicht Ihrer Bewerbung auf maximal einer DIN-A4-Seite mit – das praktische Handout.

Mit einer solchen Geste demonstrieren Sie nicht nur Professionalität und gute Vorbereitung. Sie beweisen auch Empathie und überdurchschnittliches Engagement. Glauben Sie mir: Sie fallen damit immer nur positiv auf. Selbst wenn alle gut vorbereitet sind, zeigt es, dass Sie stets mitdenken und auf alle Eventualitäten vorbereitet sind. Und das sicher auch später im Job. Top!

Auf Nachfragen vorbereiten

Je nach Vorgeschichte und Werdegang sollten Sie mit Nachfragen zu Ihrem bisherigen Lebenslauf rechnen. Erst recht, wenn sich dort Lücken, Brüche oder eine längere Arbeitslosigkeit finden. Der aus Prüfungen bekannte „Mut zur Lücke" wäre ein naiver Fehler. Sie haben genug Zeit, um sich vorzubereiten – also haben Sie bitte auch Antworten auf schwierige oder unangenehme Fragen parat. Sie kommen meistens – zum Beispiel ...

Fragen zur Kündigung

Stellen Sie sich auf Nachfragen im Vorstellungsgespräch ein, falls Sie Ihren Job vorzeitig gekündigt haben und erst recht, falls Sie gekündigt wurden. Eine Kündigung ist im Vorstellungsgespräch so gut wie immer ein Thema. Typische Fragen der Personaler dazu sind (darunter ist Platz für mögliche Antworten oder Stichworte):

Warum haben Sie Ihren Job gekündigt?

____

Was störte Sie an dem Job?

____

Warum hat man Sie entlassen?

____

Was denken Sie, haben Sie falsch gemacht?

____

Was haben Sie daraus gelernt?

___

Was werden Sie bei uns anders machen?

___

Warum glauben Sie, hier erfolgreicher zu sein?

___

Eine zentrale Rolle bei der Begründung des Jobwechsels spielt Ihre Motivation (Fachbegriff: Wechselmotivation). Versuchen Sie bei den Antworten möglichst immer wieder nach vorn zu schauen und gar nicht so sehr die Fehler der Vergangenheit zu erklären.

Generell gilt: Bleiben Sie bei schwierigen Fragen immer ruhig und sachlich! Sie sind weder der erste noch der letzte Bewerber, dem gekündigt wurde oder der selbst ein Kündigungsschreiben verfasst hat. Je mehr Sie sich verteidigen oder rechtfertigen, desto schuldiger wirken Sie. Und alles, was bei Personalern ein Störgefühl verursacht, senkt die Bewerbungschancen.

Fragen zu Lücken im Lebenslauf

Personalverantwortliche sind darauf trainiert, Ungereimtheiten in den Bewerbungsunterlagen aufzuspüren. Dabei geht es im Kern um Ihre Glaubwürdigkeit: Versuchen Sie etwas zu verbergen? Haben Sie relevante Defizite? Lücken im Lebenslauf, die nicht plausibel sind oder nicht erklärt werden, reizen immer zur Nachfrage. Personaler fragen sich dann automatisch:

- *Wurde der oder die Bewerberin gefeuert?*
- *Weswegen – Minderleistung, Betrug, Diebstahl?*

- *Sind Sie ein eher unstetiger, sprunghafter Kandidat?*
- *Werden Sie auch hier bald wieder die Flinte ins Korn werfen?*

Längere Lücken im Lebenslauf wecken Zweifel an der Eignung und Qualität eines Mitarbeiters in spe und laden zum Spekulieren ein. Das ist nicht gut. Umso wichtiger ist es, dass Sie diese Lücken spätestens im Gespräch sinnvoll schließen oder überzeugend erklären können. Natürlich gilt auch hier wieder: Nicht rechtfertigen, nur erklären!

Fragen zur Arbeitslosigkeit

Sind oder waren Sie längere Zeit arbeitslos beziehungsweise „arbeitsuchend"? Dann ist die Wahrscheinlichkeit groß, dass im Vorstellungsgespräch Fragen zum Grund gestellt werden. Rechnen Sie unbedingt damit und geraten Sie nicht in Panik! Allein die Tatsache, dass Sie trotzdem zum Gespräch eingeladen wurden, spricht dafür, dass die Arbeitslosigkeit kein Jobkiller ist. Sie sind in der engeren Wahl und müssen jetzt nur noch ehrlich die Gründe für die Arbeitslosigkeit nennen.

Wie das geht? Indem Sie die Fragen nach Arbeitslücken beantworten, ohne darauf zu antworten. Klingt widersprüchlich, bedeutet aber: Gehen Sie kurz (!) darauf ein. Nennen Sie einen Grund, der nicht in Ihrer Person oder Ihrem Verhalten liegt, und betonen Sie danach sofort wieder Ihre Qualifikationen und Ihre Motivation für die neue Position. Übernehmen Sie die Gesprächsführung und lenken Sie das Thema zurück auf die Zukunft und weg von Ihrer Vergangenheit.

Fragen zum Studienabbruch

Noch so ein Klassiker. Rechnen müssen aber nur Berufseinsteiger mit Fragen hierzu. Ein Studienabbruch ist keine Katastrophe, sollte aber mit Blick auf die weitere berufliche Laufbahn erklärt werden können. Falls Sie also einmal den Studiengang gewechselt oder gar nicht beendet haben, wird im Vorstellungsgespräch garantiert danach gefragt. Wer dann keine überzeugende Antwort parat hat, macht keine gute Figur.

Die beste Methode, mit der Sie den Studienabbruch verkaufen können: Übernehmen Sie die Verantwortung für die Entscheidung und reden Sie sich nicht heraus. Ausreden klingen immer nach schlechtem Gewissen. Sie vermitteln damit erst recht die Botschaft, dass Sie Ihre erste Studienwahl als Fehler sehen oder aber den Abbruch bereuen. Und welcher Arbeitgeber will schon Mitarbeiter einstellen, die impulsiv und unüberlegt entscheiden und ihre Entscheidung erst dann überdenken, wenn der Schaden bereits entstanden ist? Stellen Sie den Abbruch daher als Konsequenz Ihrer Persönlichkeitsentwicklung dar. Sie haben erkannt, was Sie (beruflich) wirklich machen wollen, was am besten zu Ihnen passt und wo Sie Ihre Stärken optimal einsetzen können. In dem Studiengang ging das nicht. Deshalb war der Abbruch nur konsequent und die Bewerbung hier ist eine logische Folge. Voilà, schon wirken Sie überlegt, reifer, überzeugter.

Überzeugen mit der BAB-Formel

(B) Botschaften formulieren: Was sind Ihre drei bis fünf Kernbotschaften, mit denen Sie Personaler überzeugen wollen?
(A) Aufschreiben!: Argumente finden – was sind Ihre besten und relevantesten Stärken für diesen Job? Also echte Alleinstellungsmerkmale!
(B) Beispiele entwickeln: Nun finden Sie passende Beispiele aus der Vergangenheit dazu, die diese Kompetenzen belegen.

Kleidung wählen

Ein gepflegtes Erscheinungsbild im Vorstellungsgespräch ist natürlich ein Muss. Ich gehe davon aus, dass ich Ihnen hierzu nicht mehr allzu viel sagen muss. Das meiste ist selbsterklärend – darf der Vollständigkeit halber aber nicht fehlen.

Kleidung ist nie neutral, sie spricht zu uns – und verrät dem Gegenüber etwas über Persönlichkeit und den Status des Trägers. Mit Ihrer Garderobe drücken Sie Wertschätzung gegenüber dem Arbeitgeber sowie Selbstwert aus. Die wichtigsten Outfit-Regeln für das Bewerbungsgespräch lauten daher: Kleiden Sie sich für den Job, den Sie wollen (nicht haben)! Und: Bleiben Sie immer authentisch! Also nicht verkleiden oder gar kostümieren. Das Gesamtbild muss stimmig sein. Stilbrüche irritieren und können bei zwei ansonsten gleichwertigen Kandidaten den Ausschlag geben.

Wie wir uns kleiden, sagt schließlich etwas darüber aus, wie wir uns selbst wahrnehmen – und wahrgenommen werden wollen: „Dress for success" lautet ein schönes Bonmot. Und es stimmt: Auch Personalverantwortliche lassen sich von Aussehen und Kleidung beeinflussen. Wer in Kleidern steckt, die nicht zu der eigenen Persönlichkeit passen, wirkt verkleidet, verkrampft, künstlich. Geübten Personalern machen Sie nichts vor. Der Grat zwischen sympathischer Authentizität und notwendiger Dresscode-Anpassung ist allerdings schmal. Psychologen sprechen in dem Zusammenhang vom „Social Priming".

Studien zeigen: In formeller Kleidung werden Bewerber durch die Bank ernster genommen, strahlen mehr Seriosität und Kompetenz aus. Im Zweifel also besser „overdressed" als „underdressed" im Jobinterview erscheinen. Zudem repräsentiert Ihre Kleiderwahl nicht nur Sie, sondern auch Ihre spätere Tätigkeit und das Unternehmen. Wer viel Kundenkontakt haben wird, ist Aushängeschild der Firma – und sollte das Bewusstsein dafür auch im Interview zeigen.

Der richtige Dresscode

Unabhängig von Beruf und Branche sollte Ihre Kleidung im Vorstellungsgespräch stets gepflegt und sauber sein sowie zu Ihrem Typ und zur Stelle passen. Wer zusätzlich auf harmonische Farben achtet, wirkt überdies stimmiger und sympathischer. Auch das zeigen Studien. Weil Kleidungsstile von Unternehmen zu Unternehmen variieren, sollten Sie sich auch hier wieder vorab schlaumachen, was bestehende Mitarbeiter im Unternehmen tragen. Die Bildersuche im Internet, insbesondere wenn Sie den Firmennamen eingeben und nach Events oder Jubiläen suchen, liefert hierfür erste gute Hinweise.

Ansonsten gilt: In konservativen Branchen wie Banken und Versicherungen tragen Sie eher Anzug beziehungsweise Hosenanzug und Kostüm, in kreativeren Branchen wie Medien und Werbeagenturen sind Sie auch mit „Smart Casual" gut angezogen. Jeans sind grundsätzlich zu vermeiden – zu derb. Und ein künftiger Lehrling im maßgeschneiderten Anzug und Rolex-Armbanduhr dürfte für Irritationen sorgen. Die Kleidung sollte also nicht nur Ihnen selbst, sondern auch zu Job und Position passen.

Tipps für die Frisur

Sie wundern sich vielleicht, warum ich ausgerechnet den Haaren einen eigenen Abschnitt widme, aber Sie haben enorme Wirkung. Als ich dazu schon vor Jahren recherchiert habe, war ich selbst überrascht. Die Ergebnisse wurden mir aber immer wieder in Gesprächen mit Personalern – meist im Vertrauen – bestätigt. Der perfekteste Eindruck durch Kleidung kann durch eine falsche Frisur und ungepflegte Haare ruiniert werden.

So fand zum Beispiel die Mannheimer Soziologin Anke von Rennenkampff heraus: Mit Attributen, die als „typisch männlich" gelten, haben auch Bewerberinnen die besseren Chancen auf den Traumjob. Bestätigt wird das durch internationale Studien: Hochgesteckte oder zurückgekämmte Haare werden mit mehr Kompetenz und Intelligenz verbunden als eine offene, lockige Wallemähne. Auch kurze Haare werden bei Frauen mehrheitlich als intelligent und selbstbewusst empfunden. Dunkle oder blonde lange Locken schnitten dagegen schlechter ab: Ihre Trägerinnen hielt die Mehrheit für zu sexy oder zu naiv.

Wenn Sie lange Haare haben, lohnt also der kleine Trick, die Haare vor dem Gespräch zum Pferdeschwanz zu binden oder sie dezent hochzustecken. Bei Männern spielt die Frisur indes keine Rolle, solange sie gepflegt ist. Und auch Glatze oder Halbglatze ist heute kein Problem mehr, im Gegenteil: Je weniger Haare, desto selbstbewusster und dominanter wirken Kandidaten – so Studien um Albert Mannes, Management-Professor an der Wharton School der Universität von Pennsylvania.

Mannes ist selbst ein Glatzkopf und wollte wissen, ob das seine Karriere beeinflussen könnte. Also forschte er dazu ein bisschen und zeigte seinen Probanden unter anderem manipulierte Bilder von Männern mit unterschiedlicher Haarpracht – von vollem Haar bis hin zu rasierten Glatzen. Die Männer waren immer dieselben, nur ihre Frisuren wurden mit Photoshop verändert. Anschließend sollten die Studienteilnehmer die Männer nach ihrer Attraktivität sowie nach deren vermeintlichen Führungsqualitäten einschätzen. Ergebnis: Die kahlen Häupter wurden durchweg als dominanter, selbstbewusster und maskuliner im Job eingestuft – im Vergleich zu den Porträts mit vollem Haar sogar um bis zu 13 Prozent.

Checkliste für die Anreise

Die ersten und wichtigsten Vorbereitungsschritte sind abgeschlossen. Der eigentliche Vorstellungstermin naht. Deshalb an dieser Stelle noch eine kurze Checkliste für die Anreise, damit Sie auch wirklich nichts Wichtiges vergessen:

- ☐ *Der Gesprächstermin steht und wurde von beiden bestätigt.*
- ☐ *Der Anfahrtsweg ist Ihnen bekannt.*
- ☐ *Ebenso Alternativrouten.*
- ☐ *Die Anfahrtszeit ist kalkuliert – mit zehn Minuten Puffer.*
- ☐ *Sie kennen mindestens zwei öffentliche Parkplätze in der Nähe.*
- ☐ *Für den Verspätungsfall ist die Nummer des Ansprechpartners bekannt.*
- ☐ *Eine mögliche Fahrtkostenerstattung wurde vorab besprochen.*
- ☐ *Die Bewerbungsunterlagen sind vollständig und eingepackt.*

- ☐ *Oder Sie bringen Handouts mit.*
- ☐ *Im Gepäck sind Notizblock und Stift.*
- ☐ *Ebenso zusätzlich verlangte Unterlagen, Zeugnisse, Arbeitsproben.*
- ☐ *Sie kennen den Dresscode der Branche.*
- ☐ *Sie tragen saubere und bequeme Kleidung.*
- ☐ *Die Haare sind gut frisiert, gewaschen und riechen gut.*
- ☐ *Der Wecker ist für den Tag gestellt und funktioniert.*
- ☐ *Sie sind hochmotiviert und haben Bock auf den Job.*

Das Wichtigste in Kürze

- Freuen Sie sich über die Einladung zum Bewerbungsgespräch! Die erste Hürde haben Sie erfolgreich gemeistert, Sie sind in der engeren Wahl und damit schon ein halber Gewinner. Gehen Sie mit dieser inneren Einstellung auch ins Gespräch.
- Nutzen Sie die Gelegenheit, den Termin zum Vorstellungsgespräch zuzusagen, und recherchieren Sie dabei gleich noch ein paar Hintergründe. Sie gewinnen so einen wichtigen Informations-

vorsprung. Andernfalls können Sie den Termin auch verschieben oder ganz absagen. Alles ist möglich, sofern Sie überlegt antworten und umsichtig formulieren.

- Wahrscheinlich ist seit der Bewerbung schon einige Zeit vergangen. Zur Vorbereitung des Interviews gehört deshalb, dass Sie die Stellenanzeige noch einmal gründlich lesen – genauso wie Ihre eigenen Unterlagen. Haben Sie alle Details im Kopf und bereiten Sie sich auf mögliche Nachfragen vor.
- Auch ein gepflegtes Äußeres kann den Verlauf des Vorstellungsgesprächs beeinflussen. Entscheidend ist, dass Sie sich passend für den Job kleiden, den Sie anstreben. Im Zweifel gilt: Lieber ein bisschen zu konservativ als zu leger. Und achten Sie auch auf eine gepflegte Frisur. Deren Wirkung wird oft unterschätzt.
- Bevor Sie schließlich ins Gespräch starten, recherchieren Sie unbedingt den Anfahrtsweg sowie mögliche Alternativen. Zu spät zu kommen ist nicht gut. Zu früh aber auch nicht: Maximal 10 Minuten vorher dürfen Sie erscheinen. Falls Sie früher da sind, warten Sie noch im Auto oder spazieren Sie um den Block. Das baut zudem Stress ab.

Kapitel 2

INTERVIEW-PSYCHOLOGIE

„Du bist deine eigene Grenze –
erhebe dich darüber."

Hafis

Körpersprache und Körperhaltung

Nervosität und Lampenfieber sind normale Begleiter im Vorstellungsgespräch. Das wissen auch Personalverantwortliche – und die meisten sind entsprechend gnädig. Trotzdem wollen Sie natürlich einen guten Eindruck machen. Schließlich geht es um IHREN Traumjob, um einen professionellen Auftritt und perfektes Eigenmarketing. Bescheidenheit und vornehme Zurückhaltung wären jetzt grundfalsch. Sie können und sollten jetzt vor allem selbstbewusst auftreten – und das dürfen Sie auch!

Sie erinnern sich: Sie haben schon zahlreiche Mitbewerber überholt und es in die zweite Runde geschafft. Das ist eine Leistung, auf die Sie stolz sein dürfen. Hinzu kommt: Dank Kapitel 1 sind Sie optimal vorbereitet, kennen die Anforderungen des Jobs, Ihre besten Argumente und hoffentlich auch ein paar Details über die Anwesenden. Glauben Sie mir: Das hebt Sie bereits deutlich von vielen anderen Kandidatinnen und Kandidaten ab. Aber: Wir wären nicht die Karrierebibel, wenn wir da nicht noch ein paar Schippen drauflegen könnten. Also lassen Sie uns noch etwas mehr an Ihrem Auftritt feilen ...

FUN FACT

Tatsächlich wirken im Vorstellungsgespräch zwei mächtige psychologische Effekte: der Halo-Effekt und sein Gegenspieler, der Horn-Effekt. Beim Halo-Effekt erzeugt eine einzelne positive Eigenschaft einen überstrahlenden Gesamteindruck („Halo" = „Heiligenschein"). Beim Horn-Effekt wiederum löst ein einzelner negativer Reiz sofort negative Stereotype und Vorbehalte aus. Die Bewerbungschancen sinken unmittelbar.

Selbstsicherheit

Selbstsicheres Auftreten bedeutet, dass Sie im Vorstellungsgespräch ruhig und gelassen bleiben und zugleich Ihre persönlichen Ziele im Blick behalten, sich weder irritieren noch einschüchtern lassen. Wie geht das? „Der hat leicht reden", denken Sie vielleicht. Insbesondere, wenn Sie unter Prüfungsangst leiden und solchen Situationen eher noch eine Wurzelbehandlung beim Zahnarzt vorziehen würden.

Machen Sie sich keine unnötigen Sorgen! Mehr Selbstsicherheit lässt sich lernen und trainieren. Den ersten Schritt haben Sie bereits geschafft: Sie haben sich die eigenen Fähigkeiten und Stärken bewusst gemacht. Es gibt also keinen Grund, als Bittsteller aufzutreten. Sie haben etwas zu bieten – jede Menge Mehrwert, Kompetenzen, Erfahrungen, Qualifikationen, Interessen, Motivation, Leidenschaft. Rufen Sie sich das ins Gedächtnis, werden Sie schon sicherer.

Der zweite Tipp: Handeln oder antworten Sie nie impulsiv! Auch selbstsichere Menschen sind nicht frei von Angst. Sie behalten aber die Handlungskontrolle, indem sie Pausen zulassen, zur Not um Bedenkzeit bitten oder gar in die Metaebene wechseln und ihre Gefühle verbalisieren („Entschuldigung, ich bin gerade etwas aufgeregt."). All das ist im Jobinterview erlaubt und sorgt eher für Beißhemmungen als für Minuspunkte.

Und der dritte Tipp: Üben Sie im Vorfeld! Setzen Sie sich selbst ein paar Mal ungewohnten Situationen aus: Halten Sie eine Stegreif- oder Tischrede. Oder nehmen Sie ein Bewerbungsvideo auf. Selbstsicherheit ist eine sich selbst verstärkende Erfahrung: Je öfter wir unsichere Situationen meistern, desto größer wird das Selbstvertrauen.

Ansonsten achten Sie bitte vor allem auf Ihre Körperhaltung. Auch die lässt sich hervorragend vor dem Spiegel oder vor der Handykamera üben. Wichtig ist: eine aufrechte, gerade Haltung, langsame Gesten, permanenter Blickkontakt und immer Lächeln! Offene, freundliche Menschen wirken sofort sympathischer und der Blickkontakt signalisiert zudem Präsenz und Selbstvertrauen.

Körpersprache: Haltung, Gestik und Mimik

Den ersten Eindruck prägen neben Aussehen und Kleidung vor allem die eigene Körpersprache, also Gestik und Mimik. Zwar wird an dieser Stelle immer wieder die Studie des US-Psychologen Albert Mehrabian aus dem Jahr 1967 zitiert, wonach die Körpersprache 55 Prozent der Kommunikation ausmacht. Die Studie ist aber so weder wissenschaftlich valide, noch basiert sie auf einer belastbaren Stichprobe: Die Probandengruppe umfasste damals gerade einmal 20 Studenten. Sogar Mehrabian hat sich mehrfach von dieser Interpretation distanziert. Was stimmt, ist lediglich die Tendenz: Sensorische Reize sind für den ersten Eindruck wichtiger als Worte.

Gestik und Mimik sind schwer zu kontrollieren. Das macht sie enorm authentisch und aussagekräftig. Eine offene Haltung im Brust- und Halsbereich zum Beispiel symbolisiert Souveränität und Selbstsicherheit. Wer sich im Gespräch vorbeugt, zeigt Interesse und Aufmerksamkeit. Wer hingegen angeschlurft kommt und mit hängenden Schultern parliert, strahlt kaum Energie und Dynamik aus. Lassen Sie uns hier ein wenig mehr in die Tiefe gehen. Sie kennen ja den Spruch: Für den ersten Eindruck gibt es keine zweite Chance …

Haltung

Bauch rein, Brust raus, Schultern gerade, der Oberkörper durchgestreckt – auch im Sitzen. Eine solche Haltung wird immer mit einem aufrechten Charakter verbunden und strahlt automatisch mehr Selbstvertrauen und Selbstsicherheit aus. Natürlich kann man es auch damit übertreiben. Ich bin kein allzu großer Freund von Power-Posen im Jobinterview, weil diese schnell steif oder überheblich wirken können. Aber noch schlimmer wirkt, wenn Sie zu schüchtern und zurückhaltend auftreten. Ein aufrichtiges Lächeln kann manche Power-Pose entschärfen. Und besser, Sie stehen „mit beiden Beinen fest auf dem Boden", als darauf hin- und herzuwippeln.

Blickkontakt

Häufiger Blickkontakt signalisiert Offenheit, persönliches Interesse und Aufgeschlossenheit. Sie wirken so automatisch persönlicher und begegnen Ihrem Gesprächspartner buchstäblich auf Augenhöhe. Allerdings macht auch hier wieder die Dosis das Gift. Britische Wissenschaftler fanden heraus: Nach durchschnittlich 3,3 Sekunden Blickkontakt stellt sich Unbehagen ein. Wer seinem Gesprächspartner länger in die Augen starrt, wird als bedrohlich eingestuft und verspielt wieder Sympathiepunkte.

Wenn Sie also mehr als einer Person gegenübersitzen, lassen Sie Ihren Blick immer wieder schweifen und wechseln Sie den Augenkontakt zwischen den Personen. Ein kleiner Trick noch für alle, die anderen nur schwer in die Augen sehen können: Sehen Sie auf die Nasenwurzel – also ein bisschen unterhalb der Mitte zwischen den beiden Augenbrauen. Den Unterschied merkt kein Mensch, es wirkt aber genauso präsent.

Stimme

Unsere Stimme ist so unverwechselbar wie ein Fingerabdruck und damit ein authentisches Merkmal unserer Persönlichkeit. Mittels unserer Stimme bestimmen wir maßgeblich unsere Wirkung auf andere. Dass Intonation und Atmung Sympathien auslösen können, hängt mit dem „psychorespiratorischen Effekt" zusammen.

Bestimmt kennen Sie das: Wir imitieren, wenn wir zuhören. Ein Redner, der nervös radebrecht, verursacht auch bei uns Atemkrämpfe. Genauso spüren wir ein herannahendes Räuspern oder empfinden ein Knarren in der Stimme als unerträglich. Umgekehrt gilt: Wer uns durch seine Stimme beruhigt und entspannt, ist uns sympathisch. Tiefe Stimmen empfinden wir durchweg als angenehmer, ihre Träger gelten als souveräner, kompetenter, viriler. Hellen, piepsigen oder schrillen Sprechern wird häufiger das Etikett inkompetent, unsicher oder sprunghaft angepappt.

Nun können Sie Ihre Stimme nicht mal eben für das Vorstellungsgespräch ändern. Sie liegt in Ihrer DNA. Aber Sie können trainieren, vor allem um Ihren persönlichen Grundton zu sprechen. Diese Tonlage ist zwar bei jedem Menschen anders, wir nehmen aber unbewusst wahr, ob Sie höher oder tiefer als diese sogenannte Indifferenzlage sprechen. Wer dagegen regelmäßig in dieser Tonlage spricht, wird von Zuhörern als überzeugend und selbstbewusst wahrgenommen. Sie finden Ihre Indifferenzlage, indem Sie zum Beispiel an gutes Essen denken und jetzt ein wohliges „Mmmmmh" summen. Die natürliche Stimme bewegt sich bis zu einer Quinte um diesen Ton – so entsteht übrigens auch Ihre natürliche Sprachmelodie.

Sprache

Idealerweise begrüßen Sie Ihr Gegenüber mit Namen, stellen sich selbst kurz vor und beginnen mit dem typischen Small Talk. Für den ersten Eindruck ist weniger wichtig, was Sie sagen, sondern vielmehr WIE Sie es sagen. Sprechen Sie ruhig und langsam, legen Sie ein wenig Begeisterung und Überzeugung in Ihre Stimme und zeigen Sie, dass Sie von dem überzeugt sind, was Sie sagen. Dann wird auch Ihr Gegenüber davon überzeugt sein. Achten Sie zudem auf grammatikalisch korrekte und vollständige Sätze sowie auf Hochdeutsch. Studien zeigen: Dialekt und Slang lassen Menschen weniger intelligent wirken – mit Ausnahme von Gesprächen, in denen die regionale Mundart die erste Gemeinsamkeit betont.

Duft

Der Tipp ist für alle Parfüm-Liebhaber oder jene, die meinen, Angstschweiß durch ein Eau de Toilette überdecken zu müssen: Tun Sie es nicht! Werden unsere Duftspuren zu stark, büßen wir den Sympathiebonus wieder ein. Studien dazu haben ergeben: Der Duft von Vanille macht sich beim ersten Kennenlernen besonders gut – aber nur, wenn die Aromen knapp unter der Wahrnehmungsschwelle bleiben. Eine US-Studie kam gar zu dem Ergebnis: Personaler stuften stark parfümierte Kandidaten als weniger intelligent, unfreundlicher und weniger attraktiv ein.

Hände

Ein typischer Handschlag dauert nicht länger als drei bis vier Sekunden, aber er kann die positive Wirkung einer Person enorm verstärken. Entsprechend muss Ihr Handschlag unbedingt fest sein – das gilt insbesondere für Frauen. Dann erzielen sie laut einer US-Studie Sympathiehöchstwerte und bekommen sogar häufiger den Job. Auch wenn Sie vor Nervosität feuchte Hände haben: Drücken Sie bitte fest zu! Einen kalten, nassen und toten Fisch in der Hand will keiner spüren.

Sie sollten die Hände nur zur Unterstützung Ihrer Aussagen nutzen und tendenziell nah am Körper lassen. Bitte kein wildes Fuchteln – aber auch keine Mikrogesten, wie beispielsweise das Nesteln an Ringen oder Lockendrehen in den Haarsträhnen. Auch wenn das Herz vor lauter Adrenalin bis zum Hals pocht: Machen Sie möglichst langsame Gesten. Dazwischen liegen die Hände möglichst ruhig auf dem Tisch. Notizen machen während des Gesprächs ist natürlich erlaubt.

Falsch: Das bitte nicht mit den Händen machen

- Hände in den Schoß legen (passiv)
- Hände ins Gesicht (nervös)
- Hände in der Hosentasche oder hinterm Rücken verstecken (unaufrichtig)
- Hektisch in der Luft herumfuchteln (unsouverän)
- Mit den Fingern an Ringen oder Stiften spielen (nervt)
- Mit dem Zeigefinger direkt auf Ihr Gegenüber zeigen (belehrend)

Prüfungsangst überwinden

Lampenfieber ist eine natürliche Schutzreaktion. Der Körper schüttet massenhaft Adrenalin aus, dadurch beschleunigt sich der Herzschlag, Energiereserven werden freigesetzt. Auf diese

Weise werden wir aufnahmefähiger, konzentrierter und reagieren schneller. Eigentlich eine gute Sache ... bis uns die Nervosität blockiert – wie bei klassischer Prüfungsangst.

Manche Bewerber versuchen ihre Nervosität wegzureden – und reden sich dabei um Kopf und Kragen. Im schlimmsten Fall verstärken sich die negativen Effekte und die Bewerber fokussieren sich nicht mehr auf das Gespräch, sondern auf ihre Angst und die Angst vor der Angst. Der Prozess kann sich regelrecht aufschaukeln und Schreckensszenarien daraus entstehen lassen. Die Folge: Das Kopfkino wird zum Horrorfilm.

Das beste Gegenmittel gegen solche Ängste: Machen Sie sich bewusst, was gerade in Ihrem Inneren passiert. 99,9 Prozent aller Sorgen sind unbegründet und finden nur in Ihrem Kopf statt – etwa das Erröten. Es fühlt sich an, als würden Sie strahlen, dauert eine gefühlte Ewigkeit, bleibt aber fast immer unbemerkt und dauert tatsächlich nur ein bis zwei Sekunden.

Natürlich kann ich Ihnen das Lampenfieber nicht ganz nehmen. Ich habe es übrigens auch regelmäßig auf den Bühnen, auf denen ich spreche – ja, sogar als Dozent und Prüfer an der TH Köln. Wenn ich dort eine mündliche Prüfung abhalte, bin ich meist genauso aufgeregt wie meine Prüflinge. Schließlich habe ich sie vorher ausgebildet und will, dass sie bestehen. Die Nervosität wird also trotz allerbester Vorbereitung nie ganz verschwinden – und das ist völlig normal.

Etwas Stress und Adrenalin sind sogar förderlich: Sie verbessern unsere Konzentration und unsere Leistungen. Die folgenden kleinen Tricks können Ihnen aber helfen, übermäßige Nervosität abzubauen oder sogar eine Blockade zu lösen.

Bewegung

Stress blockiert, Bewegung löst uns wieder. Nachweislich. Ein kurzer Spaziergang, Treppensteigen oder leichte Gymnastik wirken Wunder, um Nervosität frühzeitig abzubauen. Natürlich können Sie schlecht mitten im Gespräch aufstehen und herumhüpfen. Sie können aber 30 Minuten früher zum Termin kommen und vorher noch ein paar Schritte die Straße rauf- und runterlaufen. Oder Sie parken weiter weg – und gehen das letzte Stück an der frischen Luft.

Und falls Sie mal einen Blackout haben: Wackeln Sie mit den Zehen! Angst und Stress blockieren unser Gehirn. Um aber bewusst mit den Zehen wackeln zu können, muss unser Gehirn etwas von der im Stress blockierten Energie abzweigen – und das entkrampft sofort:
https://karrierebibel.de/video/dieser-trick-hilft-garantiert-gegen-blackouts/

Pünktlichkeit

Banal, aber ungemein wirkungsvoll: Kaum etwas verursacht mehr Stress, als gehetzt in letzter Minute anzukommen. Schlimmer ist nur noch, zu spät zu kommen. Planen Sie daher ausreichend Zeit für die Anreise ein – dann hat die Panikattacke keine Chance. Das bedeutet: Machen Sie sich vorab ein genaues Bild von Ihrer Anreise und kalkulieren Sie eventuelle Verspätungen oder Verkehrsmittelausfälle mit Alternativrouten ein. 10 bis 20 Minuten früher da zu sein sollte reichen.

Bonbon

Dass sich Ihr Mund trocken anfühlt, ist normal: Durch die Aufregung produzieren Sie weniger Speichel. Zusätzlich atmen viele Menschen bei Nervosität durch den Mund. So entsteht ein unangenehmes Gefühl, die Zunge klebt buchstäblich fest. Einen Kaugummi zu kauen oder ein Bonbon zu lutschen regt die Speichelproduktion wieder an – und wirkt zusätzlich beruhigend. Bitte vergessen Sie aber nicht, beide kurz vor dem Vorstellungsgespräch wieder aus dem Mund zu nehmen!

Ankermethode

Diese Technik hilft, in stressigen Situationen zu entspannen. Sie beruht auf der sogenannten „Reiz-Reaktions-Kopplung“. Daumen und Zeigefinger werden hierzu aufeinandergepresst. Währenddessen denken Sie intensiv an ein positives Erlebnis, beispielsweise den letzten Traumurlaub. Die schönen Erinnerungen werden auf den Druck der Finger übertragen. Haben Sie diese Übung oft genug wiederholt, stellt sich das gute Gefühl allein durch das Aufeinanderdrücken der Finger ein. Damit die Ankertechnik funktioniert, ist einige Übung erforderlich. Beginnen Sie deshalb frühzeitig damit, einen Anker zu wählen und mit positiven Emotionen zu verbinden. Wenn Sie vor dem Vorstellungsgespräch spüren, wie Ihre Nervosität wächst, können Sie dieser auf Knopf- beziehungsweise Fingerdruck entgegenwirken.

Atmen

Viele Menschen neigen bei Nervosität zu flacher Brustatmung. Neben dem schon angesprochenen trockenen Mund wird dadurch auch die Stimme piepsig. Bewusstes Atmen in den Bauch hilft, die Anspannung abzubauen und die Stimme wieder zu senken. Nehmen Sie sich daher kurz vor dem Bewerbungsgespräch noch ein paar Minuten Zeit für die folgende Atemübung …

Die 4-6-8- oder Stern-Methode

Setzen oder stellen Sie sich dazu aufrecht mit geraden Schultern hin, legen Sie Ihre Hand auf den Bauch und versuchen Sie, nur durch die Nase in den Bauch zu atmen – möglichst ohne dass sich der Brustkorb hebt. Jetzt atmen Sie langsam und tief ein und zählen dabei in Gedanken bis 4. Halten Sie die Luft an und zählen Sie bis 6. Schließlich atmen Sie langsam durch den Mund aus und zählen bis 8. Das Ganze wiederholen Sie mindestens fünf Mal.

Mit der Zeit werden Sie die Hand am Bauch nicht mehr brauchen. Dafür können Sie mit dieser Übung Stress genauso wegatmen wie Frust, Wut oder eben die Nervosität im Vorstellungsgespräch. Im Verlauf des Gesprächs helfen überdies kleine rhetorische Pausen, das Tempo herauszunehmen und Antworten bewusster und besser zu formulieren.

Schluss mit diesen Mythen!

Ich gehe davon aus, dass Sie schon einiges über Jobinterviews gehört oder gelesen haben. Die meisten Menschen schauen erst einmal im Internet nach, bevor sie ein Buch kaufen. Dort steht viel Wahres und Gutes – aber auch viel Blödsinn. Und gerade der kann Bewerberinnen und Bewerber nervös machen oder gar ängstigen. Ich kenne – leider – sehr viele selbst ernannte Coaches oder Bewerbungsexperten, die einfach nur tumb irgendwo abschreiben oder sich ihre Texte von Copywritern schreiben lassen, die von dem Thema eigentlich keine Ahnung haben. So entstehen dann zahllose Mythen und grober Unfug rund um das Bewerbungsgespräch, die sich anschließend immer weiter im Netz verbreiten und sich hartnäckig in den Köpfen festsetzen. Zum Abschluss dieses Kapitels möchte ich mit den schlimmsten Mythen und Vorstellungen aufräumen – weil auch das Ihre Nervosität dämpft und Ihnen zeigt: Alles kein Hexenwerk!

Mythos Nr. 1: Bewerber müssen die richtige Antwort geben

Wahr ist: Im Vorstellungsgespräch werden viele Fragen gestellt. Fragen zur Motivation, Stressfragen, teilweise sogar unzulässige Fragen. Auch Bewerber können und sollten Fragen stellen. Es ist aber völliger Quatsch, dass es dabei immer um „Richtig“ oder „Falsch“ geht. Die perfekte Antwort gibt es meist nicht – und schon gar nicht lässt sie sich auswendig lernen. Bewerber sollten sich vorbereiten und typische Fragen beantworten können. Ziel des Gesprächs ist aber, sich gegenseitig kennenzulernen.

Persönlichkeit, Motivation und Arbeitsweise stehen dabei im Vordergrund. Würden die Qualifikationen im Lebenslauf nicht passen, hätte man Sie gar nicht erst eingeladen. Daher ist es auch nicht sinnvoll, im Interview zu schauspielern oder Gelerntes abzuspulen. Wenn es menschlich nicht passt, werden Sie auch später im Job weder glücklich noch erfolgreich. Kurz: Es geht um Sympathie und die richtige Einstellung – nicht um einen richtigen Satz.

Mythos Nr. 2: Schwächen reduzieren die Chancen

Die Frage nach den Schwächen im Vorstellungsgespräch gehört zu den unbeliebtesten. Immer wieder lese und höre ich, sie sei überholt, unnütz und viel zu persönlich. Andere wiederum empfehlen Antworten wie „Perfektionismus" oder „Schokolade", um die tatsächlichen Schwächen zu kaschieren. Bullshit!

Schwächen enthalten gleich mehrere wichtige Informationen: Sie machen Bewerber menschlich und authentisch. Seine eigenen Schwächen zu kennen und damit konstruktiv umgehen zu können, zeigt nur, dass Sie sich Ihrer Potenziale, aber auch der Grenzen bewusst sind. Entscheidend sind nicht die Schwächen als solche, sondern der Umgang damit. Tatsächlich lernen wir aus unseren Fehlern am meisten. Kandidaten, die die emotionale Reife und mentale Stärke besitzen, zu ihren Schwächen zu stehen, sind jene, die auch im Job Verantwortung für sich und andere übernehmen und nichts vertuschen. Mehr noch: Sie lernen aus jedem Rückschlag – und erreichen so mehr als andere.

Die Frage nach den Schwächen soll Bewerber nicht heruntermachen, wie viele fälschlich annehmen. Im Gegenteil: Sie offenbart die Leistungsträger und Führungskräfte von morgen. Kein Mensch ist fehlerfrei, wir alle haben Schwächen. Persönliches Wachstum passiert aber vor allem in dieser Schattenzone. Stehen Sie also ruhig dazu.

Mythos Nr. 3: Der Personaler führt das Gespräch

Oft verlaufen Vorstellungsgespräche tatsächlich einseitig – mehr Verhör als Dialog. Das muss aber nicht so sein. Auch wenn der Begriff „Jobinterview" die Rollen scheinbar festschreibt, geht es um ein Gespräch, nicht um einen Monolog.

Sie bewerben sich, weil Sie glauben, die Aufgaben und Herausforderungen des Jobs meistern und einen Mehrwert bieten zu können. Damit begegnen Sie dem Arbeitgeber auf Augenhöhe und deshalb hat er Sie eingeladen. Verharren Sie also nicht in Passivität und antworten Sie nicht nur, wenn Sie gefragt werden. Nehmen Sie aktiv am Gespräch teil: Stellen Sie eigene Fragen, zeigen Sie sich interessiert und scheuen Sie sich nicht, kritische Gedanken zu äußern, wenn etwas unklar bleibt. Meine Erfahrung zeigt: Wer selbst seinen Beitrag zum Gespräch leistet, erntet mindestens Respekt – oft sogar den Job.

Mythos Nr. 4: Nur die perfekten Qualifikationen bringen den Job

Auch das ist ein Irrglaube: Wenn die Qualifikationen stimmen und man der Beste ist, können die Unternehmen gar nicht anders, als einen einzustellen. Denkste! Qualifikationen, Kompetenzen und Fähigkeiten sind zwar gute Voraussetzungen. Sie reichen aber nicht, um den Job zu bekommen. Alle Kandidaten, die zum Gespräch eingeladen werden, haben in der Regel fachlich überzeugt und entsprechen dem Anforderungsprofil. Die generelle Eignung steht also gar nicht mehr zur Debatte.

Worum es jetzt geht, ist die Frage, ob Sie ins Team und zur Unternehmenskultur passen. Wer strahlt die größte Motivation aus? Wem traut man die bessere Entwicklung zu? Hierbei kommt es nicht darauf an, möglichst clever zu wirken und den Überflieger raushängen zu lassen – das schreckt eher ab. Zeigen Sie stattdessen Offenheit, Anpassungsfähigkeit und echte intrinsische Motivation für die Arbeit und die Produkte. Potenzial und Persönlichkeit sind ausschlaggebender als Noten und Know-how.

Das richtige Mindset

Ich habe schon einige Leser und Fans der Karrierebibel kennengelernt, die denken, Personaler seien ihre Feinde, weil sie kritische oder schwierige Fragen stellen. Machen Sie bitte nie diesen Fehler, denn das strahlt auf das Gespräch aus – und zwar negativ. Ein solches Mindset ist geradezu ein Bewerbungskiller. Tatsächlich ist jedes Vorstellungsgespräch mehr Chance als Risiko – für beide Seiten! Nutzen Sie die Gelegenheit, um herauszufinden, wie gut Sie zueinander passen. Und Fragen – vor allem die unangenehmen – gehen ans Eingemachte und werfen damit einen Blick hinter die Kulissen.

Pflegen Sie im Vorfeld unbedingt ein positives Mindset – zum Gespräch, zu Ihrem Gegenüber. Ihre Einstellung hängt zwar wechselseitig zusammen mit Ihrem Denken, Fühlen und Handeln und ist geprägt von Erfahrungen, die Sie in der Vergangenheit gemacht haben. Wichtig ist aber, dass Sie sich auf die guten Erfahrungen fokussieren, die Chancen sehen und sich so auf Erfolg programmieren.

Zugegeben, ein solches Mindset lässt sich nicht von einer Minute auf die andere ändern. Erst recht nicht, wenn Sie schon ein paar Absagen kassiert oder Negatives erlebt haben. Sie können aber permanent daran arbeiten und wieder ein paar unserer bewährten Empfehlungen folgen …

Viele Bewerberinnen und Bewerber gehen mit zu viel Angst ins Interview – vor allem Frauen. Die Berliner „Female Empowerment Coachin" Rana Hetzel zeigt Ihnen in diesem Interview, wie Sie Ihr Mindset verändern und positiv nutzen: ***https://karrierebibel.de/vorstellungsgespraech-buch-interview/***

Mindset trainieren

Denken Sie im ersten Schritt an Situationen, in denen Sie etwas erreicht haben. Wichtige Erfolge, berufliche Meilensteine …. Wie sehr hat dabei Ihr Denken zum Erfolg beigetragen? Lassen Sie uns dem positiven Mindset auf die Spur kommen. Indem Sie sich dessen wesentliche Merkmale bewusst machen, trainieren Sie zugleich eine positive Attitüde.

Offen für Neues sein

Ein Vorstellungsgespräch ist auch nur ein Gespräch – mit einem möglichen Hauptgewinn am Ende. Nehmen Sie es sportlich – und die Herausforderung an. Und lernen Sie, eine mögliche Niederlage zu akzeptieren. Gelegentliche Rückschläge gehören zum Leben dazu. Aber die Erfahrung lehrt: Wenn sich eine Tür schließt, öffnet sich woanders eine neue – oft sogar bessere. Erinnern Sie sich: Wann haben Sie sich neuen Herausforderungen gestellt und was dabei schon erreicht?

Zuversicht pflegen

Viele bremsen sich mit negativen Glaubenssätzen aus, indem sie in Gedanken die alten Erfahrungen oder Zuschreibungen wiederholen: „Ich kann das nicht." „Immer scheitere ich daran." Stimmt. So scheitern Sie tatsächlich, weil Sie sich selbst negativ anfeuern und eine sich selbst erfüllende Prophezeiung erschaffen. Andersherum wird ein Schuh daraus: Die Aussichten, dass Sie das Gespräch meistern, stehen gut. Sonst hätte man Sie nicht eingeladen. Notieren Sie: Was spricht alles für Sie?

Perfektionismus ablegen

Stellen Sie an sich selbst keine zu hohen Ansprüche oder Erwartungen. Nur Götter können es sich leisten, perfekt zu sein. Hier und heute reicht für Sie völlig, einfach nur Sie selbst zu sein. Natürlich lässt sich immer etwas verbessern. Das gilt aber ebenso für Ihren Gesprächspartner. Vertrauen Sie ganz auf Ihre Fähigkeiten und trainieren Sie kontinuierlich Ihr Selbstwertgefühl. Schreiben Sie in Stichworten auf: Warum können Sie diesen Job?

Das Wichtigste in Kürze

- Erfolg oder Misserfolg im Vorstellungsgespräch basieren mehr auf Psychologie und Ihrem Mindset als auf bisherigen Erfahrungen und Qualifikationen. Sorgen Sie daher von Anfang an für einen professionellen ersten Eindruck.
- Selbstsicherheit und Überzeugungskraft zeigen sich bereits in der Körpersprache und der Körperhaltung. Trainieren Sie diese im Vorfeld vor Spiegel oder Kamera und achten Sie insbesondere auf ruhige Gesten und eine souveräne Sprache.
- Lampenfieber – in Maßen – ist völlig normal. Sollte es Sie blockieren, können Sie es mit einfachen Tricks dämpfen und sogar Blockaden lösen. Vor allem Bewegung und Atemübungen können dabei Wunder wirken.
- Das richtige Mindset wirkt sich maßgeblich auf den Erfolg des Interviews aus. Dazu ist es entscheidend, dass Sie mit gängigen Mythen aufräumen und sich zugleich bewusst machen, dass das Vorstellungsgespräch eine Chance für beide Seiten ist, sich besser kennenzulernen. Fangen Sie rechtzeitig damit an, sich auf Erfolg zu programmieren.

Kapitel 3

PROFESSIONELL ÜBERZEUGEN – IN 5 PHASEN

„Was du heute denkst,
wirst du morgen tun."

Lew Nikolajewitsch Tolstoi

So laufen Jobinterviews ab

Die meisten Vorstellungsgespräche folgen einem Muster. Der Ablauf ist praktisch immer gleich. Hier und da können Personaler zwar unterschiedliche Schwerpunkte setzen, die meisten Jobinterviews durchlaufen aber fünf typische Phasen: Begrüßung und Small Talk, Kennenlernen, Präsentation, Rückfragen, Abschlussphase.

Gut für Sie: Wenn Sie dieses Ablaufschema kennen, können Sie sich ebenso perfekt darauf vorbereiten, werden kaum noch überrascht und treten durchweg souveräner auf. Und das unabhängig davon, ob das Bewerbungsgespräch 20 Minuten oder eine Stunde dauert. Die durchschnittliche Dauer eines Bewerbungsgesprächs liegt übrigens bei 45 Minuten. Je länger das Interview dauert, desto stärker ist man an Ihnen interessiert ... ein gutes Zeichen.

Gehen wir von einem Standard-Bewerbungsgespräch und einem Mittelwert von 45 Minuten aus, dann erwartet Sie bei einem klassischen Vorstellungsgespräch der folgende Ablauf.

Phase 1: Small Talk *(circa 5 Minuten)*

- *Kurze Begrüßung*
- *Namentliche Vorstellung*
- *Frage nach Anreise und Befinden / Getränke*

Phase 2: Selbstpräsentation *(circa 10 Minuten)*

- *Ihr bisheriger Werdegang*
- *Wesentliche Meilensteine und Erfolge*
- *Stärken mit Bezug zur Stelle*

Phase 3: Unternehmenspräsentation *(circa 15 Minuten)*

- *Arbeitgeber stellt Position und Stelle vor*
- *Hinweise zu Unternehmen und Kultur*
- *Erste Fragen zu Ihrer Arbeitsweise, Kompetenzen, Erwartungen*

Phase 4: Rückfragen *(circa 10 Minuten)*

- *Eigene Rückfragen zu Job und Arbeitgeber*
- *Fragen zu Erwartungen*
- *Fragen zu Entwicklungschancen*

Phase 5: Abschluss *(circa 5 Minuten)*

- *Dank für das Gespräch*
- *Weitere Schritte / Fristen*
- *Verabschiedung*

Begrüßung und Abschluss bilden immer den Rahmen, die Phasen dazwischen können sich auch einmal verschieben oder überschneiden. Alle fünf Gesprächsphasen lassen sich aber in Teilschritten vorbereiten, trainieren, optimieren – und schon wirkt die riesige Hürde „Vorstellungsgespräch" nur noch wie ein übersichtlicher Stapel aus Bausteinen. Und genau das machen wir jetzt: Lassen Sie uns die einzelnen Phasen Schritt für Schritt durchgehen.

TIPP

Insgeheim stellen sich Personaler im Grunde nur drei Fragen im Interview. Wenn Sie diese (indirekt) beantworten, machen Sie alles richtig:

1. Können Sie diesen Job? Warum?
2. Was können Sie besser als alle anderen?
3. Werden Sie in unser Team passen?

Phase 1: Begrüßung mit Small Talk

Im Grunde beginnt diese Phase schon, bevor Sie den Raum betreten. Dazu gehört beispielsweise, dass Sie pünktlich sind und Pförtner oder Assistenten stets freundlich behandeln. Täuschen Sie sich bitte nicht: In einigen Unternehmen ist das bereits Bestandteil einer Art Charaktertest, wie Sie auf Menschen zugehen, die in der Hierarchie – scheinbar – weniger wichtig sind. Oder wie Sie auf Unvorhergesehenes reagieren. Deshalb: Sobald Sie das Firmengelände betreten, sind Sie im Vorstellungsgespräch und bitte ganz Profi!

Vorstellung und Handschlag

Nun aber geht es wirklich los. Man bittet Sie hinein, alle stehen zur Begrüßung auf. Formal korrekt findet der Händedruck IMMER im Stehen statt! Spätestens jetzt kommt, was Sie schon wissen: Blickkontakt zu allen herstellen und lächeln! Stellen Sie sich mit Namen vor, aber warten Sie, bis man Ihnen die Hand reicht. Bitte nie mit ausgestreckter Hand auf Fremde zugehen. Die Hand reicht immer der Gastgeber zuerst – in dem Fall der einladende Personaler. Danach wird er Sie mit den anderen Anwesenden bekannt machen. Korrekt ist das in der hierarchischen Reihenfolge, also mit der ranghöchsten Person zuerst. Im Business gilt: Hierarchie vor Geschlecht. Merken Sie sich das bitte – auch für die Verabschiedung!

TIPP

Falls man Ihnen eine Visitenkarte reicht, stecken Sie diese keinesfalls einfach weg! Immer erst dankend annehmen, ein paar Sekunden aufmerksam lesen und dann auf den Tisch oder in die Sakko- oder Handtasche stecken. Nie in die Hosentasche! Das wäre zu nah am Po und deshalb ein Affront.

Zur Vorstellung selbst reichen wenige Worte: „Guten Tag, mein Name ist Mia Muster – danke für die Einladung. Ich freue mich, dass wir uns heute besser kennenlernen werden." Entscheidend sind bei der Begrüßung drei Elemente: Ihr Name, den Sie noch einmal nennen, der Dank für die Einladung – und die Freude auf das Gespräch. Diese wirkt sich automatisch auf die Atmosphäre aus und sollte daher möglichst echt sein. Versuchen Sie dabei zu strahlen, sich also wirklich zu freuen. Das ist ein enormer Eisbrecher.

Ihr Gegenüber wird sich genauso mit Namen vorstellen und sich für Ihr Erscheinen bedanken. Das ist eine Floskel, ja – aber auch wieder eine Gelegenheit, nachzulegen. Wahre Profis wiederholen beim Handschlag den Namen ihres Gesprächspartners – so als würden sie diesen gleich auswendig lernen wollen. Also zum Beispiel: „Frau Personaler?! Schön, Sie persönlich kennenzulernen ..." Das alles mag auf Sie wie eine phrasenhafte Choreografie wirken. Ist es aber nicht. Namen haben enorme Bedeutung und Macht. Wer uns beim Namen nennt, spricht uns buchstäblich persönlich an. Das geht unter die Oberfläche. Verkäufer nutzen diese Technik seit Jahren und bauen den Namen ihrer Kunden immer wieder in den Dialog ein. So weit sollten Sie nicht gehen, das ist zu viel des Guten. Aber bei der

Begrüßung sammeln Sie damit bereits erste wichtige Pluspunkte.

FUN FACT

Drei psychologische Effekte zeigen Ihnen, wie gut Sie bereits in der ersten Phase überzeugen und bei den Personalern punkten:
Matching: Körpersprache und Verhalten des Gegenübers werden analysiert und zunächst nur zu maximal 50 Prozent durch die/das eigene reflektiert.
Pacing: Bei Sympathie werden Gestik, Mimik und Sprache synchronisiert.
Rapport: Nahezu vollständige Symmetrie – beide Partner nehmen durch ihr Verhalten jedes Mal aufeinander Bezug. Ein sicheres Zeichen: Sie kommen gut an!

Überleitung und Small Talk

Nach Handschlag und Begrüßung folgt in der Regel eine kurze Aufwärmphase – der sogenannte Small Talk. Der soll die Nervosität dämpfen, das Eis brechen und eine angenehme Atmosphäre herstellen. Üblicherweise erkundigen sich Personaler danach, wie Ihre Anreise war oder wie es Ihnen gerade geht. Das scheinbare Geplänkel am Anfang sollten Sie allerdings nie unterschätzen. Es prägt den so wichtigen ersten Eindruck entscheidend mit. Deshalb gehört jetzt unbedingt dazu, dass Sie durchweg Positives ausstrahlen!

Die Anreise war beschwerlich, Sie mussten sich durch Staus kämpfen und zehn Minuten lang einen Parkplatz suchen? Sagen Sie das bloß nicht! Die Anreise war spannend, Sie haben viel Spannendes von der Stadt gesehen. Apropos: Welcher Architekt hat eigentlich dieses Firmengebäude entworfen? Alles sehr beeindruckend! Oder: Sie sind gerade so angespannt, dass Sie am liebsten die Flucht ergreifen würden? Kein Wort davon! Sie haben sich schon seit Tagen auf das Gespräch gefreut. Natürlich sind Sie gerade etwas nervös, aber das liegt daran, dass Sie hier Ihre berufliche Zukunft sehen und gern Teil des Teams wären ...

TIPP

Wenn Ihr Wunscharbeitgeber Wert auf Traditionen legt (das geht oft aus der Stellenanzeige hervor), dann betonen Sie das im Small Talk: „Ich habe gelesen, Sie haben dieses Jahr in Ihrer 200-jährigen Geschichte den höchsten Umsatz erzielt. Das hat mich beeindruckt!" Das ist ein subtiles Kompliment und appelliert an den Stolz der Anwesenden. Und es verfehlt seine Wirkung nie!

Sie bemerken den Unterschied: Small Talk – oder die Spezzatura, wie das Plaudern im Fachjargon heißt – muss stets etwas Heiteres und Leichtes behalten. Erzählen Sie ruhig eine amüsante (kurze!) Anekdote, etwas, das Ihnen auf dem Hinweg positiv aufgefallen ist, machen Sie Komplimente – nicht zum Aussehen, sondern zum Ambiente. Aber jammern Sie keinesfalls über eine beschwerliche Anreise und klagen Sie nicht über Ihre Nervosität. Sie lockern und öffnen damit nicht nur die Atmosphäre, sondern auch sich selbst. Und das Gute ist: Small Talk lässt sich ganz einfach lernen und üben.

Consistent Identity

Der folgende Tipp ist nicht für jeden Leser und jede Leserin geeignet. Dessen bin ich mir bewusst, schließlich handelt es sich dabei um eine ziemlich subtile und zugleich mächtige Manipulationstechnik. Wer aber das Gefühl hat, es könnte passen, dem möchte ich diesen Trick nicht verheimlichen, mit dem Sie Ihre Bewerbungschancen unter Umständen dramatisch steigern können: Es ist das psychologische Spiel mit der sogenannten Consistent Identity.

Stellen Sie dem Personaler hierzu beim Small Talk – wie nebenbei! – eine vermeintlich einfache Frage: „Aus welchen Gründen haben Sie mich zum Vorstellungsgespräch eingeladen?"

Klingt harmlos, geradezu banal? Denkste! Die Frage ist ein Wolf im Schafspelz. Sie sind dabei nicht einmal an den genauen Wortlaut gebunden. Abwandlungen haben denselben Effekt, zum Beispiel: „Wieso haben Sie mich eingeladen?" Oder: „Was an meinen Bewerbungsunterlagen hat Sie dazu gebracht, mich einzuladen?"

Was hier wirkt, ist das ausgeprägte Bedürfnis aller Menschen, ihr positives Selbstbild zu erhalten und durch „konsistentes" (gleichbleibendes) Verhalten zu bestätigen. Sie wechseln Ihre Meinung schließlich nicht jeden Tag. Genau dieses Bedürfnis macht sich die (scheinbar) unspektakuläre Frage zunutze: Durch die Einladung zum Vorstellungsgespräch hat der Personaler Ihnen bereits ein Zugeständnis gemacht. Aus psychologischer Sicht sagt sein Selbstbild, dass er Ihnen die Stelle grundsätzlich geben möchte. Er hat ja schon andere Kandidaten zu Ihren Gunsten abgelehnt. Im Gespräch geht es nun darum, diesen ersten Eindruck zu bestätigen und keinen Grund zu liefern, die Entscheidung zu revidieren.

Mit der Frage verstärken Sie diesen Effekt jetzt aber. Sie bringen den Personaler dazu, sich daran zu erinnern, warum er

Ihnen schon den Vorzug gegeben hat und womit Sie überzeugen konnten. Umso schwerer fällt es ihm danach, die erste Zustimmung zu widerrufen. Es würde ein Störgefühl bei seinem Selbstbild hervorrufen. Oder anders ausgedrückt: Dank der Frage sucht er jetzt nicht nach Absagegründen, sondern nach positiven Gründen, um Sie einzustellen – nur um recht zu behalten und sich konsistent zu verhalten.

Wissenschaftler konnten übrigens immer wieder zeigen, dass schon kleine Zugeständnisse reichen, um diesen Effekt zu erzielen. In einem dieser Experimente wurden zum Beispiel Hausbesitzer dazu gebracht, ein überdimensionales und absichtlich hässliches Schild mit den Worten „Drive Carefully" („Vorsichtig fahren") im eigenen Vorgarten aufzustellen. Im ersten Schritt wurden die Probanden lediglich gebeten, ein kleines Schild im Postkartenformat im Auto anzubringen. Nach diesem Zugeständnis fiel es den Menschen enorm schwer, die zweite Bitte auszuschlagen. Sie wollten ihrem Selbstbild treu bleiben – was bedeutete, sich weiterhin für die Sicherheit im Straßenverkehr einzusetzen. Diese Fuß-in-der-Tür-Technik (auch „Foot-in-the-door-Effekt" genannt) ist mittlerweile in vielen Bereichen nachgewiesen.

Lernen Sie die Kunst des leichten Plauderns. Fragen, Themen, Einstiege, Eisbrecher – in diesem kostenlosen Ratgeber finden Sie zahlreiche Tipps und Beispiele für eine professionelle Konversation ...
https://karrierebibel.de/smalltalk-tipps/

Phase 2: Die Selbstpräsentation

Nach dem ersten Austausch werden Sie meist gebeten, sich noch einmal kurz vorzustellen. Eingeleitet wird diese Phase beispielsweise mit den Worten: „Erzählen Sie uns etwas über sich!" Oder: „Warum haben Sie sich bei uns beworben?" Diese Phase gibt es in jedem Jobinterview und was jetzt folgt, ist die sogenannte Selbstpräsentation. Sie ist ein bisschen vergleichbar mit einem typischen Elevator Pitch, also der Kurzpräsentation oder einem Mini-Verkaufsgespräch binnen 60 Sekunden – der Länge einer Aufzugfahrt in einem amerikanischen Wolkenkratzer. Ihre Selbstpräsentation darf natürlich länger dauern: In der Regel haben Sie hierfür drei bis fünf Minuten Zeit.

In dieser Redezeit müssen Sie allerdings kräftig trommeln und Werbung in eigener Sache machen. Für Personaler ist die Selbstvorstellung ein Vorgeschmack darauf, wie Sie später im Job und vielleicht vor Kunden agieren werden. Denn es handelt sich hierbei IMMER um eine freie Rede. Nichts Abgelesenes oder Aufgesagtes! Wenn Sie die Kurzvorstellung vorbereiten, sollten Sie diese unbedingt ein paarmal üben, bis sie flüssig läuft. Auswendiglernen ist okay, die Präsentation darf aber nie so klingen.

Was zudem viele Kandidaten falsch machen: Sie rattern einfach ihren Lebenslauf runter – im schlimmsten Fall als Und-dann-und-dann-Narrativ. Schrecklich! Den Lebenslauf kennen die Personaler schon, jetzt will man Sie besser kennenlernen, Ihre Persönlichkeit, Ihre Motivation für den Job sehen und spüren und nicht zuletzt hören, welchen Mehrwert Sie auf der Position bieten wollen. Im Kern geht es darum, einen überzeugenden Bezug zur Stelle und zum Unternehmen herzustellen und sich selbst optimal zu „verkaufen".

Ich weiß aus Erfahrung: Vielen fällt es schwer, hierbei auf den Punkt zu kommen. Oder ihnen ist die Lobhudelei über sich selbst unangenehm. Dies sind aber nicht der Ort und der Zeitpunkt, bescheiden zu bleiben! Sie müssen jetzt liefern – klotzen, nicht kleckern. Laurie Rudman von der Rutgers University in New Jersey konnte zum Beispiel nachweisen, dass Personalentscheider es nicht mögen, wenn Bewerber zu bescheiden auftreten. Das ließe sie weniger ambitioniert und schwächer erscheinen.

Es gibt ein paar Tricks, mit denen Ihnen die Selbstpräsentation leichter gelingt und die Sie zu Hause üben können. Das Wichtigste hierbei ist ein knackiger Aufbau und eine gute Struktur. Vielfach bewährt hat sich ein Aufbau nach der Formel „Ich bin – ich kann – ich will". Ich zeige Ihnen im Anschluss noch mit ein paar Beispielen, was Sie sagen können. Notieren Sie sich aber hier und jetzt erst einmal, was Ihnen spontan zu den einzelnen Stichwörtern einfällt. Los geht's ...

Ich bin

Persönliche Angaben: Name, Alter, Wohnort

____

____

Ausbildung, Studium, höchster Abschluss

____

Bisherige Jobs, Erfahrungen

____

____

Ich kann

Meilensteine des Berufslebens

____

____

Besondere Qualifikationen und Erfahrungen (für den angestrebten Job)

____

____

Wichtige Alleinstellungsmerkmale

____

____

Ich will

Motivation für den Job

____

____

Mehrwert-Versprechen

____

____

Berufliche Leistungsziele in der Position

___

___

Sie merken: Bei diesem Aufbau steht der Nutzen für Ihre Zuhörer im Vordergrund. Den ersten Teil, den viele Kandidaten viel zu lang formulieren, halten Sie bei dieser Formel eher kurz. Das Hauptgewicht liegt auf „Ich kann" und noch mehr auf „Ich will". Hierüber sollten Sie mehr als die Hälfte der Redezeit sprechen.

Der rote Faden

Generell sollte in der Selbstpräsentation Ihre hohe Motivation für die Stelle emotional spürbar werden: ein Leuchten in den Augen hier, Begeisterung in der Stimme dort – und immer dann, wenn Sie davon sprechen, was Sie alles in dem neuen Job bewirken können oder wollen. Es ist dabei auch nahezu unerheblich, ob Sie damit richtigliegen oder ob die tatsächlichen Aufgaben später ein bisschen anders aussehen. Das klärt sich im weiteren Vorstellungsgespräch. Entscheidend ist jetzt nur, dass Ihre Gesprächspartner hören und sehen, dass Sie die Stelle wirklich wollen – und dass Sie das Wort „Traumjob" ernst meinen.

Ich rate grundsätzlich dazu, sich hierfür zuvor einen starken Bezug zur Stelle im bisherigen Lebenslauf zu suchen: bei Jobs, die Sie schon gemacht haben, und bei dort erzielten Erfolgen, an die Sie nun anknüpfen wollen. Vielleicht kamen diese Punkte in der Bewerbung sogar zu kurz. Dann ist jetzt der perfekte Zeitpunkt gekommen, um spezifischer darauf einzugehen.

Fädeln Sie diese Punkte entlang eines roten Fadens zusammen, sodass der Eindruck entsteht, Ihre bisherige Entwicklung und Karriere führen zwangsläufig zu diesem Unternehmen und diesem Job. Zum Schluss fassen Sie Ihre Kurzpräsentation in Stichworten zusammen, die Sie sich leicht merken können. Voilà, damit steht das Gerüst für Ihre Selbstpräsentation und Sie können diese üben und noch ein wenig weiter verfeinern oder Schwachstellen in der Argumentation beseitigen.

Beispiele statt Behauptungen

Vermeiden Sie Floskeln des Typs „Ich zeichne mich durch hohes Engagement, Teamgeist und Lernwillen aus ..." Das kann letztlich jeder von sich behaupten. Überzeugend wird das erst durch konkrete Belege. Warum also nicht gleich anekdotisch und in Form von Beispielen erzählen?! Schildern und beschreiben Sie bisherige Stationen und Positionen – je plastischer und plakativer, desto stärker das Kopfkino bei Ihren Zuhörern.

Beispiel für die Selbstpräsentation

Falls Sie sich nun fragen, wie solch eine Selbstpräsentation am Ende klingt, habe ich Ihnen – wie versprochen – ein konkretes, aber fiktives Beispiel aufgeschrieben. Aber bitte nicht einfach 1:1 kopieren und übernehmen! Personaler haben dieses Buch womöglich auch gekauft. Ein Déjà-vu wirkt ziemlich unoriginell. Als Anregung und erste Orientierung eignet sich der Mustertext aber allemal:

Vielen Dank für die Einladung und die Chance, mich hier vorzustellen. Ich bin Susanne Muster, 35 Jahre alt und werde in diesem Sommer ein großes Projekt bei der Beispiel GmbH in Musterstadt abschließen. Es gibt durchaus Parallelen zu diesem Job, etwa: …
Als Key-Account-Managerin war ich in den vergangenen zwei Jahren dafür verantwortlich, neue Kunden im Bereich XYZ zu finden und diese nachhaltig zu betreuen. Dabei konnte ich nicht nur die Umsätze um rund zwei Millionen Euro steigern, sondern auch einige Punkte im Kundenbeziehungsmanagement verbessern. Was Sie bei der ausgeschriebenen Position vor allem interessieren dürfte, ist …
Meine Erfahrungen möchte ich nun nutzen, um Ihre Kundenbeziehungen zu intensivieren und die Abteilung zugleich zu einem echten Kundenmagneten zu entwickeln. Zum Beispiel, indem ich in den ersten 100 Tagen … mache. Ich selbst möchte mich natürlich auch weiterentwickeln. Deshalb reizen mich vor allem die Herausforderungen …

Erkennen Sie den Aufbau nach der Formel „Ich bin – Ich kann – Ich will“ wieder? Das Schöne an dieser Formel ist: Sie ist einfach, eingängig und lässt sich daher leicht merken. Ihre Selbstpräsentation folgt einem klassischen Dreiklang und ein Blackout ist dabei recht unwahrscheinlich. Im Zweifel fahren Sie einfach mit dem nächsten Punkt fort.

Natürlich sind andere Einstiege und Strukturen für die Selbstvorstellung möglich. Wenn Ihnen das obige Muster nicht gefällt, können Sie alternativ pointiert argumentieren. Auch hierbei empfehle ich, sich auf maximal drei starke Argumente zu fokussieren. Für mehr reicht die Zeit nicht und mehr merken sich die Zuhörer auch nicht. Die Präsentation ist ja auch nur eine Art Auftakt, um alles Weitere im Dialog zu vertiefen. Sie müssen also nicht alles dort hineinpacken. Konzentrieren Sie sich auf das Wichtigste, die wirklich relevanten Kompetenzen oder Stärken.

Zwei Beispiele, wie ein argumentativer Aufbau starten könnte:

> *Vielen Dank für die Einladung und die Chance, mich hier vorzustellen. Mein Name ist Maria Muster, ich bin 27 und würde gern drei Erfahrungen ins Zentrum meiner Selbstpräsentation stellen. Diese zeigen aus meiner Sicht am deutlichsten, warum ich zur Stelle passe: 1. ...*

ODER:

> *Das mache ich sehr gern. Mein Name ist Frank Fertig und ich habe mir überlegt, warum Sie mich zum Vorstellungsgespräch eingeladen haben. Ich bin überzeugt, es sind vor allem folgende drei Kompetenzen aus meinem Werdegang, die für diese Stelle interessant sind: 1. ...*

Präsentieren mit Flipchart oder Tablet?

Wie schon erwähnt erwarten Personaler bei der Selbstpräsentation eine freie Rede. Hilfsmittel sind dabei in der Regel unerwünscht und werden auch nicht erwartet. Sie können sie aber dennoch einsetzen und so einen kleinen Überraschungseffekt erzielen. Aber bitte nur dezent! Keine PowerPoint-Folien-Schlacht! Und auch kein Montagsmaler-Inferno auf dem Flipchart oder Whiteboard. Falls solche Tools im Besprechungsraum stehen, fragen Sie, ob Sie diese nutzen dürfen. Und danach sollte alles reibungslos funktionieren. Wenn Sie erst minutenlang Kabel verlegen und dann auch noch Verbindungsprobleme bekommen, verpufft der Effekt und verkehrt sich in peinliches Fremdschämen.

Für ein Vorstellungsgespräch habe ich einmal eine kurze Keynote in fünf Folien vorbereitet und diese auf meinem iPad mitgebracht. Das habe ich dann vor den Personalern auf den Tisch gelegt, die Präsentation remote mit dem iPhone gesteuert und dazu eine Geschichte erzählt. Das kam sehr gut an – und die Technik war komplett kontrollierbar, weil: mein Gerät, meine Präsentation. Zweiter Effekt: Ich hatte die Mini-Präsentation komplett im Look-and-feel des Arbeitgebers gestaltet. Heißt: Die Farben und Logos stammten von der Unternehmenswebsite, die Schrifttype war ebenfalls ähnlich. Und passende Adapter hatte ich auch dabei. Hätte es einen Fernseher oder Beamer gegeben, hätte ich die Keynote auch darüber ausspielen können.

Wenn Sie wiederum lieber analog mit Stift und Flipchart arbeiten wollen, sollten Sie nur einfache Grafiken, Kuchen- oder Balkendiagramme nutzen, die schnell gezeichnet sind. Nichts Kompliziertes – die Bilder sollen Ihre Präsentation unterstützen, nicht davon ablenken. Sie selbst spielen noch immer die Hauptrolle! Beispiel: Ihr Kompetenz- und Persönlichkeitsprofil lässt sich zum Beispiel wunderbar als Kreis- oder Kuchendiagramm darstellen. Üben Sie ein bisschen damit …

Bei allen Hilfsmitteln gilt aber, was für jeden guten Redner gilt: Sprechen Sie stets mit Ihrem Publikum – nicht mit der Wand, dem Monitor oder Flipchart! Bei der gesamten Rede halten Sie bitte immer wieder (abwechselnd) Blickkontakt mit Ihren Zuhörern. Reißt der ab, sinken Aufmerksamkeit und Überzeugungskraft rapide.

Phase 3:
Kennenlernen, Fragen und Antworten

Geschafft! Die beiden ersten Phasen haben Sie erfolgreich absolviert. Es folgt Phase 3, die allerdings auch einmal vertauscht oder zweigeteilt sein kann – also erst die Unternehmenspräsentation, dann die Selbstvorstellung, dann die gegenseitigen Fragen. In unserer Reihenfolge hier im Buch stellt sich das Unternehmen jetzt noch einmal kompakt vor: Hintergrund, Zahlen, Marktposition, Produkte, Dienstleistungen – eben alles, was Sie wissen sollten oder was für Ihre Stelle relevant sein könnte. Oder was dem Arbeitgeber wichtig ist – manche Personaler haben ein starkes Sendungsbedürfnis. Aber das ist eine andere Geschichte ...

Der erste Tipp: Lassen Sie sich von den Ausführungen nicht nur berieseln, sondern machen Sie sich unbedingt Notizen. Die sind erstens immer erlaubt und signalisieren zweitens hohe Aufmerksamkeit, Interesse und Gewissenhaftigkeit. Erst recht, wenn Sie in Phase 4 auf ein paar Punkte davon eingehen und Rückfragen dazu stellen. Also unbedingt aufmerksam zuhören! Es ist schließlich eine Chance für Sie, mehr über den späteren Job und den Arbeitgeber zu erfahren.

Nach dem Small Talk und nachdem Sie beide sich vorgestellt haben, folgt der Deep Talk, auch „Fragerunde" genannt. Das ist der Teil, vor dem die meisten Bewerber Bammel haben, weil er sich in verschiedenste Richtungen entwickeln kann und deshalb latent unkalkulierbar bleibt. Personaler stellen hierbei nicht nur klassische Fragen, sondern teils auch Stressfragen oder Fangfragen, um Sie herauszufordern und zu sehen, wie professionell Sie reagieren oder wie souverän Sie unter Stress bleiben. Das gehört zum Spiel dazu. Wenn Sie bereits ein Karrierebibel-Leser sind, kennen Sie die Klassiker schon: Warum sollten wir Sie einstellen? Was unterscheidet

Sie von anderen? Wie motivieren Sie sich? Wie viele Klavierstimmer hat Chicago?

Zur Vorbereitung finden Sie bei uns eine umfangreiche Gratis-Liste mit den häufigsten Fragen im Vorstellungsgespräch. Einfach mal durchlesen und mögliche Antworten überlegen, das schadet nie ...
https://karrierebibel.de/vorstellungsgesprach-fragen/

Solche Fragen sind nie böse gemeint. Personaler wollen mit den unterschiedlichen Fragetypen einfach nur mehr über Sie und Ihre Persönlichkeit erfahren. Auf einige der Fragen können Sie sich prima vorbereiten und Ihre Antworten und Reaktionen darauf zu Hause üben. Bei anderen müssen Sie spontan sein. Grundsätzlich aber gilt für alle Fragen: Es geht nicht darum, DIE eine perfekte Antwort zu finden. Die gibt es selten und sie bringt kaum zusätzliche Pluspunkte. Es geht vielmehr um den gesamten Auftritt und den Umgang im Dialog und in der Fragerunde.

Faustregeln für alle Fragen:

- Bleiben Sie immer ruhig, freundlich und professionell. Lassen Sie sich auch von schwierigen Fragen nicht aus der Ruhe bringen. Bitten Sie stattdessen um eine kurze Bedenkzeit. Das ist völlig legitim.
- Beweisen Sie Offenheit, indem Sie sich auf die Frage einlassen. 3 bis 4 Sätze als Antwort reichen

aus. Am besten wirkt, wenn Sie auf den Punkt kommen, ohne dass es einstudiert wirkt. Ein offenes Gespräch macht allen Beteiligten mehr Spaß.

- Bleiben Sie authentisch und antworten Sie ehrlich auf Fragen zu Ihren Berufserfahrungen und Qualifikationen. Gehen Sie konstruktiv mit Fehlern, Jobwechseln oder einer Kündigung um – das ist besser als inszenierte Antworten.
- Lassen Sie sich keinesfalls auf Provokationen ein oder sich zu etwas hinreißen. Zerlegen Sie die trickreiche Frage in Einzelteile und beantworten Sie nur den unproblematischen Teil. So geraten Sie erst gar nicht aufs Glatteis und stellen genug Objektivität her.
- Antworten Sie möglichst kurz. Je weiter Sie für Erklärungen ausholen, desto größer die Chance, sich zu verplappern, abzuschweifen oder dummes Zeug zu erzählen. Sie wollen Stresssituation nicht verlängern, sondern zu einem normalen Gespräch auf Augenhöhe zurückkehren.

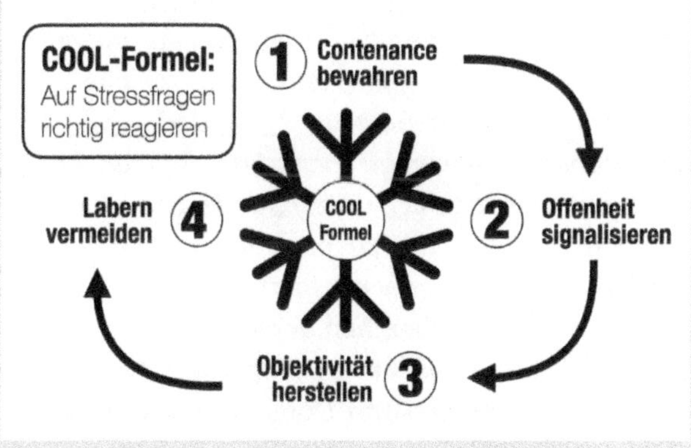

Schauen wir uns zusammen ein paar der am häufigsten gestellten Fragen genauer an. Ich will Ihnen zeigen, warum diese gestellt werden, was sich dahinter verbirgt – und natürlich, wie Sie darauf antworten können. Die beispielhaften Strategien lassen sich dann bei Bedarf auch auf ähnliche Fragen anwenden. Wie schon einmal betont: Bitte die folgenden Antworten nie 1:1 übernehmen ...

1. Warum sollten wir Sie einstellen?

Klingt wie ein Affront oder Angriff. Die Frage stellt allerdings überhaupt nicht Ihre grundsätzliche Eignung infrage, sondern soll Ihnen die Chance geben, die Werbetrommel für sich zu rühren. Heben Sie sich mit stichhaltigen Argumenten positiv von Ihren Mitbewerbern ab. Mindestens drei sollten es sein. Bewährte Formulierungen sind:

Selbstbewusst

> *„Insgesamt sprechen mindestens drei Argumente dafür, mich einzustellen: Erstens verfüge ich über Eigenschaften wie ______, ______ und ______, die für die Herausforderungen dieser Position aus meiner Sicht unerlässlich sind. Zweitens bringe ich einschlägige Erfahrungen im Bereich ______ und ______ mit, die aktuell so nur wenige Fachkräfte besitzen. Das wiederum versetzt mich drittens in die Lage, Ihr aktuelles SEO-Problem zu lösen. Tatsächlich habe ich mich im Vorfeld intensiv mit Ihrer Website beschäftigt und bei meinen Recherchen bemerkt, dass ich Ihren Seitencode schon mit wenigen Eingriffen optimieren und stark vereinfach kann. Dadurch verkürzen sich nicht nur die Ladezeiten, auch die Seite läuft danach*

insgesamt runder und wird bei Google besser rangieren. Ein enormer Wettbewerbsvorteil für Sie – der zudem viel Geld spart."

Lösungsorientiert

„Für mich sprechen meine Zielorientierung und Kreativität sowie meine praktischen Erfahrungen als ______. Ich habe zum Beispiel schon ein paar gute Ideen, wie ich Ihren Marktauftritt im Internet insgesamt modernisieren und in Ihren sozialen Netzen emotionalisieren kann. Damit werden Sie nicht nur höhere Reichweiten erzielen, sondern auch die Interaktion der Fans erhöhen. Das wiederum erhöht Ihre Sichtbarkeit und schließlich den Umsatz. Etwas Vergleichbares konnte ich schon für ______ realisieren und so den Umsatz um ______ Prozent steigern."

Sachlich

„Ich habe mich im Vorfeld intensiv mit Ihrer Stellenausschreibung auseinandergesetzt und erfülle alle dort genannten Muss-Anforderungen. Überdies bringe ich nicht nur meine fünfjährige Erfahrung im Bereich ______ mit. Ich kenne viele Ihrer aktuellen Herausforderungen aus anderen Positionen und weiß daher, wie sich diese lösen lassen – aber auch, wie es nicht geht. Das spart uns allen viel Zeit und Geld. Hinzu kommt, dass ich mich mit den Werten und Produkten dieses Unternehmens hochgradig identifizieren kann. Daraus ergibt sich für uns eine hoffentlich langjährige und Erfolg versprechende Zusammenarbeit."

Alle genannten Beispiele argumentieren aus einer starken kunden- oder unternehmensorientierten Perspektive heraus. Damit überzeugen Sie immer mehr als mit Adjektiven und Selbstzuschreibungen. Trainieren Sie solche Antworten, bis Ihnen flüssig drei bis fünf gute Argumente oder Alleinstellungsmerkmale für Sie einfallen. Diese können Sie dann bei Bedarf wie aus der Pistole geschossen nennen.

Auch hier wieder die Gelegenheit zur schnellen Reflektion: Welche Top-Stärken fallen Ihnen sofort ein, mit denen Sie in praktisch jedem Job punkten könnten?

Ihre Antwort: ______________________________

____

____

____

2. Warum sind Sie besser als andere?

Gehen Sie der Frage bitte nicht auf den Leim! Es geht überhaupt nicht darum, worin Sie „besser sind als andere". Ihre Aufgabe ist, in der Antwort das eigene Profil zu schärfen und ebenso wesentliche wie relevante Fähigkeiten zu nennen, die Sie zur Idealbesetzung für die Stelle machen – ganz ohne Vergleich. Der riecht schließlich immer nach defensiver Rechtfertigung.

Was Sie jetzt tun sollten: Entschärfen Sie die Frage, indem Sie die Falle aufdecken: „Danke für die Frage, allerdings kenne ich die anderen Bewerber gar nicht. Ein Vergleich ist somit nicht möglich. Was ich Ihnen aber sagen kann, ist ..." Indem Sie diesen Gedanken verbalisieren, bleiben Sie souverän und glaubwürdig. Sympathisch sowieso, weil Sie sich nicht aufwerten, indem Sie andere abwerten.

Umformuliert könnte die Frage auch lauten: „Was ist Ihre größte Stärke?" Und genau darauf antworten Sie auch. Je besser und intensiver Sie sich vorab mit der Stelle und der Position beschäftigt haben, desto genauer wissen Sie, welche Kompetenzen helfen, die Herausforderungen des Jobs zu meistern. Beweisen Sie eine solch exzellente Vorbereitung – und brillieren Sie mit Ihren besten Talenten.

Wahre Profis belassen es allerdings nicht nur dabei, eigene Stärken zu nennen. Wenn es sich wirklich um Ihren Traumjob handelt, können Sie wieder ein kleines Konzept ausarbeiten, was Sie in den ersten 90 Tagen machen wollen oder wie Sie Ihr Know-how optimal einbringen wollen. Das zeigt Einsatz, Leidenschaft und beweist: Sie können wirklich was! Womöglich besser als die Konkurrenten.

Ihre Antwort: ______________________________

____

____

____

3. Haben Sie sich woanders beworben?

Eine gemeine Frage. Denn natürlich haben Sie sich auch woanders beworben. Es wäre schlicht naiv, alles auf eine Karte zu setzen. Umgekehrt spricht der Personaler ja auch mit anderen Kandidatinnen und Kandidaten, um den oder die Beste zu identifizieren. Die Frage soll Sie bewusst in Verlegenheit bringen – und ist eher rhetorischer Natur. Deshalb zeigt Ihre Antwort auch nicht, ob Sie sich woanders beworben haben, sondern wie ehrlich, diplomatisch oder selbstbewusst Sie in solchen Situationen bleiben. Hier zwei Alternativen für eine souveräne Antwort:

Ehrliche Antwort mit Kompliment

„Sicher. Ich habe aber noch keine andere Stelle gefunden, die meinem Profil so gut entspricht wie dieser Job. Sie sind meine erste Wahl."

Falls Sie sich bisher tatsächlich noch nicht woanders beworben haben, können Sie das natürlich ebenfalls zugeben. Ansonsten aber zeigt die Antwort, dass Sie aktiv auf Jobsuche sind, Optionen haben, aber keine davon Sie bisher überzeugt hat. Darin steckt ein indirektes Kompliment für den Arbeitgeber. Falls daraufhin die Nachfrage kommt: „Aber Sie haben doch bestimmt Favoriten?", lassen Sie sich davon nicht aus der Ruhe bringen. In dem Fall antworten Sie ausweichend: „Ich bin weiterhin davon überzeugt, dass sich mein Werdegang und meine Qualifikationen am besten mit den Anforderungen Ihrer Stelle decken. Das bisherige Gespräch hat mich darin sogar bestärkt." Das ist zwar nicht die Antwort auf die Frage, aber eine wunderbare Nebelkerze.

Ehrliche Antwort mit Marktwert

„Tatsächlich habe ich mich parallel bei anderen Arbeitgebern der Branche beworben und schon erste Gespräche geführt. Die Bewerbungsprozesse laufen noch, ich würde aber am liebsten hier anfangen."

Diese Antwort ist ebenfalls ehrlich und glaubwürdig. Und sie hat noch weitere Vorteile: Es macht Sie attraktiver, dass Sie nicht alternativlos sind. Wenn andere Unternehmen Interesse signalisieren, steigert das Ihren Marktwert – misslungene Bewerbungsversuche bleiben natürlich unerwähnt. Effekt: Der

Druck auf das Unternehmen steigt. Das kann für ein attraktives Gehaltspaket oder Zusatzleistungen sorgen. Gleichzeitig unterstreichen Sie, dass dieser Arbeitgeber Ihre erste Wahl ist. Ja, Sie kennen und nutzen Ihre Chancen auf dem Arbeitsmarkt, haben aber zugleich klare Prioritäten. Damit hinterlassen Sie einen starken Eindruck – ohne sich „unter Wert" zu verkaufen. Apropos: Was würden Sie antworten?

Ihre Antwort: ________________________________

____

____

____

Wie reagieren Sie auf Kritik?

Niemand arbeitet gern mit Kollegen zusammen, die beratungsresistent sind, Kritik immer persönlich nehmen und gute Ratschläge geflissentlich ignorieren. Was zählt, sind Persönlichkeiten, die Kritik als Möglichkeit für persönliches Wachstum und als Chance sehen, die zu jeder professionellen Zusammenarbeit dazugehört. Eine mögliche Antwort wäre:

> *„Kritik ist eine der besten Möglichkeiten, sich zu verbessern. Ich bin immer dankbar für Feedback und versuche dieses nicht persönlich zu nehmen. Beispielsweise hat mir in meinem Praktikum ein Kollege gesagt, dass ihm die Präsentation, die ich für ihn erstellt habe, nicht gefällt. Er hat mir aber auch gezeigt, wo die Schwachstellen der Präsentation*

waren und was man anders machen kann. Dadurch hat sich mein Umgang mit dem Programm, aber auch mit dem Erstellen von Präsentationen an sich deutlich verbessert."

Ihre Antwort: ______________________________

____

____

____

Wodurch motivieren Sie sich selbst?

Personaler interessieren sich dafür, was Sie motiviert und woraus Sie Ihren Antrieb schöpfen. Schließlich bringt ein motivierter Mitarbeiter bessere Leistungen, setzt sich mehr für seinen Arbeitgeber ein und sorgt dafür, dass Unternehmensziele erreicht werden. Leider reicht es nicht, die eigene Motivation zu beteuern. Was es hier braucht, sind Geschichten aus dem bisherigen Berufsleben und Erklärungen. Eine gute Antwort könnte zum Beispiel so beginnen:

„Am meisten motivieren mich die Ergebnisse meiner Arbeit. Zu sehen, dass ich etwas gut gemacht habe, gibt mir neue Kraft und die Lust, weitere Aufgaben anzupacken und mich, falls möglich, zu steigern …"

Ihre Antwort: ______________________________

____

Wie gehen Sie mit Fehlern und Rückschlägen um?

Fehler gehören zum Leben dazu und passieren in jedem Beruf. Für Personaler ist es deshalb wichtig, wie Sie mit diesen umgehen, wenn Ihnen ein Fehler in der täglichen Arbeit unterläuft. Versuchen Sie nicht so zu tun, als würde Ihnen niemals ein Fehler unterlaufen – das wirkt unglaubwürdig, nicht selbstkritisch und absolut nicht authentisch. Antworten Sie besser so:

> *„Zwar versuche ich, Fehler zu vermeiden, doch sollte ich trotzdem einmal damit konfrontiert werden, löse ich die Situation in zwei Schritten: Zunächst konzentriere ich mich auf eine passende Korrektur, um den Fehler schnell zu beheben. Anschließend lasse ich noch einmal Revue passieren, wie es dazu kommen konnte, um in Zukunft bei einer ähnlichen Situation besser zu reagieren."*

Ihre Antwort: ____________________

Können Sie mit Arbeit unter Druck umgehen?

Diese Frage kann andeuten, dass es in der Position, auf die Sie sich beworben haben, durchaus stressig zugehen kann und Überstunden möglich sind. Gleichzeitig ist es eine klassische Frage, um mögliche Schwächen eines Bewerbers auszuloten. Am besten punkten Sie bei dieser Frage mit einem Szenario, das anschaulich beschreibt, wie Sie auch unter Druck gute Leistungen abgeliefert haben. Beispiel:

> *„Auch unter Druck kann ich einen kühlen Kopf bewahren und verliere das Ziel nicht aus den Augen. In meinem Praktikum bei ... kam es häufiger vor, dass Kunden kurzfristig Wünsche geäußert haben. Um diese umzusetzen, habe ich mir einen Plan gemacht und diesen dann Schritt für Schritt abgearbeitet."*

Ihre Antwort: ______________________________

____

____

____

4. Wie hoch war Ihr letztes Gehalt?

Wer seinen Job wechselt, kann im Durchschnitt eine Gehaltserhöhung zwischen 10 und 20 Prozent herausschlagen. Die Spanne ist abhängig vom Zusammenspiel diverser Faktoren wie Alter, Erfahrung, Bildungsabschluss, Unternehmensgröße, Region und Branche. Die Basis für die prozentuale Steigerung ist aber immer das, was Sie bisher verdient haben. Mit dieser Zahl geben Sie dem Verhandlungsspielraum einen Rahmen. Und genau hier liegt das Problem, wenn Sie aus einem unterbezahlten Job heraus wechseln.

Zunächst sollten Sie den marktüblichen Rahmen recherchieren, also was jemand mit Ihrer Qualifikation und Erfahrung in dieser Position und Branche, in diesem Beruf und Unternehmen üblicherweise verdient. Informationen und Tipps dazu, wie Sie Ihren aktuellen Marktwert ermitteln, finden Sie – wie immer – auf Karrierebibel.de. Der Link lautet: https://karrierebibel.de/marktwert-test/.

Mithilfe der so ermittelten Zahl wissen Sie, welches Gehalt realistisch und angemessen ist. Das ist aber noch nicht die Antwort auf die Frage. Auch hierbei geht es wieder um Ehrlichkeit und Geradlinigkeit und keine falsche Scham. Sagen Sie offen, dass Sie Ihrer Ansicht nach bisher zu wenig verdient haben, zum Beispiel so:

> *„Ich finde, mein bisheriges Gehalt ist kein guter Vergleichswert. Es war mein Einstiegsgehalt und ich habe damals zu wenig darüber gewusst, schlecht verhandelt und mich unter Wert verkauft. Inzwischen halte ich ein marktübliches Gehalt in Höhe von ______ Euro für angemessen."*

Natürlich ist es leichter, über mehr Geld zu verhandeln, wenn mit dem Jobwechsel auch eine Beförderung, ein Karrieresprung oder mehr Verantwortung verbunden sind. Argumentieren Sie in dem Fall, dass Sie sich mit gestiegener Leistung und Verantwortung auch finanziell weiterentwickeln wollen. Solange Sie auch dabei auf marktübliche Konditionen verweisen können, wird Ihr Verhandlungspartner das akzeptieren.

Und jetzt sind Sie wieder dran: Kennen Sie Ihren Marktwert? Was sind Ihre besten Argumente für mehr Geld? Aufschreiben – und bitte nicht kleinlich sein!

Ihre Antwort: ______________________________

____

____

____

5. Wo sehen Sie sich in fünf Jahren?

Noch so ein Klassiker. Ich finde die Frage allerdings gar nicht so altbacken, wie sie auf den ersten Blick klingt. Schließlich sollten Sie sich diese Frage grundsätzlich selbst stellen und auch jederzeit beantworten können, denn Sie hilft Ihnen bei der beruflichen Entwicklung. Was ist denn Ihr berufliches Ziel – und zahlt der Job, auf den Sie sich gerade bewerben, überhaupt darauf ein? Kommen Sie darin Ihrem Ziel näher? Das sollten Sie! Sonst ist der Job genau genommen der falsche.

Aber zurück ins Vorstellungsgespräch – und betrachten wir es aus der Perspektive des Personalers: Der möchte natürlich jemanden einstellen, der kompetent und talentiert ist, sich aber auch dauerhaft engagiert. Jede Antwort, die jetzt nach Zwischenlösung oder Kompromiss klingt, kickt Sie folglich ins Aus. Das gilt erst recht für die komplett dumme Antwort: „In fünf Jahren sitze ich auf Ihrem Stuhl!" – die Sie bitte niemals einsetzen. Ihre professionelle Antwort sollte vielmehr folgende vier Elemente enthalten:

Entwicklung
Eigentlich kann niemand wissen, was innerhalb von fünf Jahren passiert. Sicher ist nur, dass Sie sich persönlich und fachlich weiterentwickeln wollen. Zeigen Sie also, dass Ihr Denken auf Entwicklungskurs ausgerichtet ist.

Perspektive
Auch nach fünf Jahren sollten Ihre beruflichen Ziele nicht an Grenzen stoßen, das würde nämlich einen neuerlichen Jobwechsel nahelegen. Zeigen Sie, dass Ihre Motivation langfristig besteht und Sie damit rechnen, ein paar Jahre mehr im Unternehmen zu bleiben, weil Sie sich mit und in dem Unternehmen entwickeln wollen.

Übereinstimmung
Handelt es sich um einen besonders familienfreundlichen, sozial engagierten oder international expandierenden Arbeitgeber? Je stärker sich Ihre Vorstellungen mit den Werten und Zielen des Unternehmens decken, desto überzeugender wirken Ihre Antworten.

Freude
Zeigen Sie ruhig ein bisschen Enthusiasmus für den angebotenen Job – weil dieser Sie einen wichtigen Schritt weiterbringt. Demonstrieren Sie den festen Willen, die neuen Herausforderungen meistern zu wollen.

Ansonsten aber bleiben Sie mit Ihrer Antwort so allgemein wie möglich und so vage wie nötig. Halten Sie sich weitere Optionen offen. Wenn Sie zu spezifisch werden, verkleinert sich die potenzielle Schnittmenge mit den Vorstellungen des Arbeitgebers. Bleiben Sie aber hier und da unkonkret, können Sie auf kritische Nachfragen immer noch antworten: „Da habe ich mich vielleicht falsch ausgedrückt. Ich meinte …" Zur Verdeutlichung finden Sie im Folgenden wieder ein paar Antwort-Optionen, die Motivation erkennen lassen und sich schon viele Male bewährt haben:

Antwort 1: Führungskarriere

„Mein aktuelles Ziel ist, ein Unternehmen zu finden, in dem ich mich beruflich, aber auch persönlich weiterentwickeln kann. Ich möchte mich dabei möglichst unterschiedlichen Herausforderungen stellen. Mein Ziel ist, in den nächsten Jahren zunehmend mehr Managementaufgaben und Personalverantwortung zu übernehmen und dabei verstärkt strategische Ziele zu verfolgen. Ich denke, das geht besonders gut, wenn ich für eine Organisation arbeite, die sich selbst weiterentwickelt. Das ist bei Ihrem Unternehmen definitiv der Fall."

Antwort 2: Fachkarriere

„Ich möchte meine Skills und mein Fachwissen kontinuierlich ausbauen und zugleich spannende Projekte umsetzen. Dabei möchte ich für ein Unternehmen arbeiten, das mir die Chance dazu gibt, mit Kollegen zusammenzuarbeiten, von denen ich viel lernen kann. Ich weiß, dass in Ihrem Unternehmen einige der brillantesten Köpfe der Branche arbeiten – und ich würde mich freuen, zu diesem Team zu gehören und mich beruflich hier weiterzuentwickeln."

Antwort 3: Cultural Fit (die Chemie stimmt)

„Zunächst will ich mich fachlich weiterentwickeln. In den nächsten fünf Jahren will ich viel lernen und

fachlich ein hoffentlich deutlich höheres Level erreichen. Zudem teile ich die Werte Ihres Unternehmens. Ich finde es enorm spannend, zum einen die Wirtschaftlichkeit zu verbessern und gleichzeitig Sinnvolles zu tun. Ein Beispiel: Ihr Unternehmen setzt sich seit Jahren für die Tafeln in der Stadt ein. Wenn ich Sie tatkräftig dabei unterstützen kann, in den nächsten fünf Jahren noch größere finanzielle Mittel und mehr Helfer dafür zu gewinnen, würde mich das stolz machen."

Antwort 4: Identifikation

„In fünf Jahren kann zwar viel passieren. Allerdings hoffe ich, dass ich dann noch hier bin und einige wichtige Stationen durchlaufen habe. Zunächst möchte ich das Traineeprogramm erfolgreich abschließen, danach Schritt für Schritt die nächsten Karrierestufen nehmen, dabei viel lernen und mich auch persönlich weiterentwickeln sowie einen echten Beitrag und Mehrwert leisten. Ich kann mir gut vorstellen – wenn alles gut läuft –, das Unternehmen in den nächsten fünf Jahren auch stärker nach außen zu repräsentieren: auf Messen, Kongressen, vielleicht sogar in Vorträgen und Präsentationen. Das würde mir jedenfalls Spaß machen."

Antwort 5: Fortschritt

„In fünf Jahren möchte ich noch immer für dieses Unternehmen arbeiten – aber in einem größeren Rahmen. Ich weiß, dass Ihre Branche und die Märkte, in denen Sie tätig sind, gerade massiv international expandieren. Mitbewerber drängen nach Lateinamerika, Asien und Afrika. An diesem Rad würde ich

gern mitdrehen. In fünf Jahren sehe ich mich daher mit den Kollegen gemeinsam auf Marktanteile anstoßen, die wir mit zahlreichen Innovationen hinzugewonnen haben. Das wäre zumindest mein Traum – für den ich gern hart mitarbeite."

Sie ahnen es: Sie sind schon wieder dran. Aber das ist ja der Sinn dieses Ratgebers, dass ich Sie optimal auf Ihr nächstes Vorstellungsgespräch vorbereite und Sie dabei unterstütze, einen rundum professionellen Auftritt hinzulegen. Machen Sie sich also bitte auch hierzu ein paar kurze Notizen. Alle diese helfen enorm dabei, sich in den Antworten zu fokussieren und verhindern zugleich das überraschte Stammeln.

Ihre Antwort: ______________________________

____

____

____

6. Was ist Ihre größte Schwäche?

„Was sind Ihre Schwächen?" – Die Frage nach den Defiziten fällt in jedem zweiten Vorstellungsgespräch. Entsprechend gefürchtet ist sie bei Bewerbern. Jeder Mensch hat Schwächen, klar. Aber welche darf man nennen, ohne die Bewerbung und die Jobchancen zu torpedieren? So unangenehm die Frage ist: Punkten können Sie bei Recruitern nur mit einer ehrlichen und reflektierten Antwort.

Warum fragen Personaler nach Schwächen?

Die Frage nach den Schwächen im Vorstellungsgespräch zählt zu den klassischen Stressfragen. Egal wie gut Sie sich darauf vorbereiten: Sie macht alle Bewerber nervös. Dahinter steckt aber kein böser Wille, sondern der Versuch, etwas mehr hinter Ihre Fassade und auf Ihre Persönlichkeit zu blicken. Arbeitgeber wollen mit der Frage herausfinden, ob Bewerber zur Selbstreflexion fähig sind und wie sie mit ihren Defiziten umgehen. Kein Mensch ist perfekt. Auch im Job werden Sie an Grenzen stoßen oder mit Schwächen konfrontiert. Umso wichtiger ist, dass Sie damit konstruktiv und lösungsorientiert umgehen.

Nicht immer wird diese Frage so direkt gestellt wie in der obigen Überschrift. Eben weil sie so gefürchtet ist, tarnen Personaler diese neuerdings. Der jüngste Trend ist, die Frage nach den Schwächen indirekt zu stellen. Hellhörig sollten Sie werden, wenn Sie folgende Fragen hören: „Wie würden Ihre Freunde Sie beschreiben?" Statt direkt nach negativen Eigenschaften zu fragen, weichen Personaler auf Aussagen von Kollegen, Kunden oder Chefs aus. Erkennbarer wird es, wenn Sie gefragt werden, was andere an Ihnen kritisieren könnten.

Noch raffinierter ist das Interesse an den Selbstoptimierungswünschen. Hier ist die Frage nach der Schwäche schon sehr subtil versteckt: „Welche Eigenschaft würden Sie an sich ändern?" Auch Skalenfragen werden von Recruitern genutzt, um Schwächen zu identifizieren: „Auf einer Skala von 1 bis 10: Wie belastbar sind Sie?" Merken Sie sich bitte hierbei: Werte unterhalb von 7 werden als Schwäche ausgelegt, über 9 wirkt es überheblich.

So bitte nie antworten

Von unseren Lesern weiß ich, dass viele gern hierfür eine Standardantwort hätten. Die gibt es aber nicht. Mehr noch: Versuchen Sie bitte NIE, eine Stärke in eine vermeintliche

Schwäche umzuformulieren, sodass Sie wieder glänzen. Die Masche zieht nicht und wird längst durchschaut. Schlechte Antworten sind etwa: „Ich bin zu perfektionistisch." „Ich bin ungeduldig." „Ich arbeite zu viel, bin Workaholic." „Ich bin sehr ehrgeizig." Oder: „Schokolade!" Auf solche Antworten reagieren alle Personaler ebenso verschnupft wie Schleimhäute auf Grippeviren. Sie erkennen darin mangelnde Vorbereitung oder Überheblichkeit.

Die besten Antworten zu Schwächen

Zwar gibt es nicht die EINE richtige Antwort auf die Schwächen-Frage – es existiert aber eine optimale Antwort-Formel: Ehrlichkeit – gepaart mit gutem Vorsatz. Heißt: Geben Sie eine Schwäche zu und erklären Sie sofort, wie Sie damit konstruktiv umgehen. So lassen sich temporäre Schwächen nicht nur positiv darstellen. Sie selbst beweisen Lernwillen und Lernfähigkeit – eine gute Voraussetzung für persönliches Wachstum.

Antworten Sie nach dieser Formel:

1. Situation schildern: „Deshalb neige ich zu ..." (Schwäche)
2. Gegenmaßnahme nennen: „Aus diesem Grund habe ich ..." (Aktion)
3. Positive Entwicklung zeigen: „Das hat dazu geführt, dass ich ..." (Entwicklung)

Nennen Sie aber nie relevante Schwächen. Ein Zimmermann, der nicht schwindelfrei ist? Eine Krankenschwester, die ungeduldig ist? Ein Kundenberater, der andere gern belehrt? Solche Schwächen disqualifizieren Sie für den Job. Die genannten Schwächen dürfen für die angestrebte Stelle also niemals zu den Kernkompetenzen und Schlüsselqualifikationen zählen. Sonst sind Sie raus.

Was Personaler im Vorstellungsgespräch letztlich immer hören wollen, ist, ob Sie ehrlich (zu sich) und selbstkritisch sind. Beides sind Indizien für spätere Leistungsträger und hohe Intelligenz. Tatsächlich gibt es einige sympathische Schwächen, die Sie ruhig zugeben können. Hier einige Beispiele und Tipps für gute Antworten ...

Schwäche: Präsentieren

> *„Ich habe Probleme damit, vor größerem Publikum zu sprechen. Ich bin dann oft nervös und fühle mich unwohl. Aber ich versuche das in den Griff zu bekommen. Deshalb habe ich einen Rednerkurs bei einem namhaften Coach belegt."*

Problematisch wäre die Schwäche nur, wenn Sie im neuen Job öfter vor Gruppen referieren müssen – etwa als Pressesprecher oder Lehrerin. Passiert das nur selten – etwa in Meetings –, hält sich das Handicap in Grenzen. Indem Sie erzählen, dass Sie Rhetorikkurse besuchen oder Seminare für Präsentationstechnik absolvieren, wird die Schwäche gar zur baldigen Stärke. Nicht zuletzt, weil Sie ganz offenbar Zeit und Geld in sich investieren.

Schwäche: Durchsetzen

> *„Es fällt mir schwer, meine Meinung in einer großen Runde zu vertreten. Vor allem, wenn ich mich alleine gegen andere durchsetzen soll. Meistens suche ich mir dann im Vorfeld Kollegen, die ich im Vieraugengespräch überzeugen kann und die mich später unterstützen."*

Zugegeben, Durchsetzungsfähigkeit ist das, was man von künftigen Führungstalenten erwartet. Aber wer kann das schon auf Anhieb? Wer Teile des Teams im Vorfeld überzeugt, steht in der großen Runde nicht alleine da. Das beweist sogar strategisches Denken – trotz Schwäche. Und wer Kollegen überzeugen kann, hat grundsätzlich gute Argumente und braucht vielleicht nur noch etwas Rhetoriktraining.

Schwäche: Organisieren

> *„Gelegentlich fällt es mir schwer, organisiert zu bleiben. Um den Überblick zu behalten, habe ich die To-do-Liste für mich neu entdeckt. Seit ich diese Listen jeden Morgen anfertige, priorisiere und abarbeite, bin ich strukturierter und produktiver."*

Einen Chaoten mag zwar keiner einstellen, das riecht nach Durcheinander und verpassten Deadlines. Durch die obige Antwort und Erklärung präsentieren Bewerber aber eine sinnvolle Lösung für ein Problem, das damit kaum noch eines ist.

Schwäche: Konzentrieren

> *„Eine starke Geräuschkulisse wie im Großraumbüro kann dazu führen, dass ich mich schlecht konzentrieren kann. Inzwischen habe ich mir aber Gegenschall-Kopfhörer zugelegt. Den Tipp gab mir eine Kollegin. Damit habe ich das praktisch komplett im Griff."*

Für jedes Problem, jede (vermeintliche) Schwäche gibt es eine Lösung. Gut, wenn man sie selber findet. Das Beispiel zeigt: Sie können im Vorstellungsgespräch auch ehemalige Schwächen nennen – erst recht, wenn Sie damit so souverän umgehen konnten.

Schwäche: Übersetzen

> *„Manchmal fehlen mir englische Fachvokabeln. Damit meine Fremdsprachenkenntnisse nicht einrosten,*

habe ich zusammen mit ein paar Freunden eine Gruppe gegründet, in der wir uns einmal pro Woche treffen, um nur Englisch zu sprechen und zu trainieren. Darunter ist auch ein Native Speaker. Das hilft sehr."

Wieder dasselbe Prinzip: Die Schwäche mag „manchmal" noch auftreten. Aber die Ursache ist längst erkannt und Sie arbeiten gezielt daran. Dazu im Team mit anderen. Mehr noch: Sie haben die Gruppe selber gegründet. Mehr Engagement und Führungsstärke geht nicht.

Schwäche: Eigenbröteln

„Ich kann wunderbar im Team arbeiten. Um kreativ zu werden oder neue Ideen zu entwickeln, brauche ich jedoch meine Ruhe und ziehe mich gern zurück. Das Ergebnis bespreche ich aber natürlich wieder mit den Kollegen und kann dann auch mit Kritik umgehen."

Eigenbrötler haben einen schlechten Ruf. Zu Unrecht. Trotzdem müssen Sie gegen das Klischee argumentieren. Aber ein Homeoffice-Tag pro Woche oder gelegentliche geistige Quarantänezeiten bedeuten keine Störung des Betriebsfriedens. Wahrscheinlich haben Sie so schon einige Erfolge in bisherigen Jobs oder Projekten erzielt. Erzählen Sie davon!

Schwäche: Fokussieren

„Ich habe gleich ein paar Schwächen: 111, 222, 333. Aber offen gestanden investiere ich meine Energie mehr in meine Stärken und baue diese aus. Und zwar so und so und so ..."

Dieses Beispiel ist mutig. Die Antwort darf auf keinen Fall so klingen, als seien Sie arrogant. Der entscheidende Punkt ist, dass Sie die Frage nach den Schwächen ummünzen und andere Prioritäten setzen: Nicht Kraft und Zeit in Schwächen investieren, sondern Stärken stärken. Damit das keine Worthülse bleibt, sollten Sie aber konkret belegen, wie Sie an sich arbeiten.

Generell: Keiner verlangt, dass Sie ausführlich über Ihre Unzulänglichkeiten referieren. Maximal zwei Schwächen dürfen Sie nennen. Mehr aber bitte nicht. Erlaubt ist dagegen, eine Schwäche durch (einschränkende) Adjektive, wie „hin und wieder", „gelegentlich", „vereinzelt", „stellenweise" oder „manchmal" zu relativieren.

Obwohl ich ein großer Fan von Humor bin: An dieser Stelle empfehle ich ihn ausdrücklich nicht. Humor kann zwar vieles entschärfen. Hier aber wird eine ernsthafte Auseinandersetzung mit sich selbst und den eigenen Schwächen erwartet. Witzige Antworten auf die Frage nach den Schwächen vom Typ: „Meine größte Schwäche? Mein Bankkonto!" weichen aus uns signalisieren eher einen unreifen Charakter, der nicht zu seinen Schwächen steht.

Es gibt inzwischen sogar wissenschaftliche Studien zu klugen Antworten: Daniel M. Cable und Virginia S. Kay fanden bei ihren Experimenten unter Business-School-Absolventen heraus, dass diese bei Bewerbungsgesprächen besser abschnitten, wenn sie auf die Frage nach den Schwächen wahrheitsgemäß antworteten und nicht bloß positiv, also eine oder zwei echte Schwächen zugaben. Bei einer Harvard-Studie wiederum zeigte sich: Nur 23 Prozent der Bewerber gaben echte Schwächen in ihren bisherigen Jobs zu. Die Mehrheit von 77 Prozent verkleidete ihre Schwächen in positiven Worten („Ich bin zu nett", „Ich lege zu viel Wert auf Fairness"). Als die Forscher aber die Personaler fragten, wen sie einstellen würden, wählten rund 80 Prozent die ehrlichen Kandidaten aus. Forscher des University College London fanden zudem heraus: Wer sich im Bewerbungsgespräch selbstkritisch und authentisch zeigt und seine Schwächen zugibt, steigert die Jobchancen um das Fünffache. Die ungeschminkte Wahrheit hinterließ den besten Eindruck.

Ihre Antwort: ________________________________

____

____

____

FERMI-Fragen

Zuweilen werden Kandidaten im Vorstellungsgespräch auch sogenannte FERMI-Fragen gestellt. Das sind Schätzfragen, auf die es keine richtige Antwort gibt. Vielmehr ist der Weg das Ziel. Personaler wollen sehen, ob und wie Sie ein scheinbar unlösbares, komplexes Problem durch Zerlegung in Teilschritte dennoch systematisch lösen können. Auch stellen Personaler solche Fragen, um das logische Denken zu testen beziehungsweise wie strukturiert Sie vorgehen. Wenn Sie davon ausgehen müssen, dass Ihr Job später analytische Fähigkeiten erfordert, sollten Sie unbedingt mit solchen Fragen rechnen. Und wenn Sie die Lösung erarbeiten: Denken Sie unbedingt laut! Zeigen Sie, wie Sie vorgehen und warum.
Ein Beispiel: „Wie viele Grashalme wachsen auf einem Fußballfeld?" Eine mögliche Antwort: *„Laut DFB liegt*

die Standardgröße eines Fußballfeldes bei 105 mal 68 Metern. Ich nehme an: Auf einem Quadratzentimeter wachsen etwa 2,5 Grashalme. Ein Fußballfeld hat (105 x 68) 7.140 Quadratmeter. Ein Quadratmeter hat 10.000 Quadratzentimeter. Auf einem Quadratmeter wachsen demnach 10.000 x 2,5 Grashalme = 25.000 Grashalme. Auf einem Fußballfeld wachsen demnach 7.140 x 25.000 Grashalme = 178.500.000 Grashalme."

Fangfragen: Vorsicht Falle!

Sie sind selten, kommen aber in manchem Bewerbungsgespräch vor: die fiesen Fangfragen. Schon der Begriff macht vielen Angst. Es wäre aber naiv, zu unterstellen, Personaler hätten eine perfide Freude daran, Bewerber aufs Glatteis zu führen. Fangfragen sind vielmehr eine Antwort darauf, dass Bewerber naturgemäß nur ihre beste Seite präsentieren. Die Fangfrage will deshalb am Lack kratzen, soll ein wenig aus dem Konzept bringen und so einen Blick hinter die einstudierte Fassade erlauben. Bösartig müssen Fangfragen also überhaupt nicht sein, im Gegenteil: Man will den wahren Menschen hinter der Bewerbung kennenlernen. Die Ziele von Fangfragen sind: Rückschlüsse auf die Motivation, die persönlichen Werte, die Arbeitsweise, die beruflichen Ziele und den potenziellen Mehrwert des Bewerbers.

Spielen Sie also mit und sehen Sie solche Stressfragen sportlich: Eine perfekte oder „richtige" Antwort darauf gibt es nicht – nur eine souveräne Reaktion. Niemand will dabei auswendig gelernte Mustersätze hören. Lassen Sie sich lieber etwas Zeit, um eine kluge und ausgereifte Antwort zu geben. Das ist kein

Quiz und der Schnellste gewinnt auch nichts. Hier wieder ein paar Beispiel zum Üben:

Woher wissen Sie, dass Sie einen guten Job gemacht haben?

Die Frage ist tricky, denn sie offenbart, ob der Kandidat eher intrinsisch oder extrinsisch motiviert ist. Intrinsische Bewerber neigen dazu, die Antwort mit sich selbst und eigenen Kriterien auszumachen – Extrinsiker dagegen machen die Qualität ihrer Ergebnisse an den Beurteilungen durch Kollegen, Kunden, Vorgesetzte fest. Zugleich hilft die Frage, zu klären, wie gut der Bewerber später ins Team oder zu dem Führungsstil seines späteren Vorgesetzten passt.

Wenn Sie dieses Unternehmen vielleicht einmal verlassen: Was soll man Ihnen nachsagen?

Mit dieser Frage rechnen die wenigsten, schließlich haben sie den Job ja noch nicht einmal angetreten. Solche Überraschungsfragen bringen viele aus dem Konzept und sorgen für spontane und ehrlichere Antworten. Die verraten in diesem Fall einiges darüber, ob der Bewerber hier nur einen Job für seinen Lebensunterhalt oder ein Unternehmen sucht, das zu ihm passt und ihm hilft, sich weiterzuentwickeln.

Was kann Ihnen diese Position bieten, was Ihre bisherige nicht kann?

Diese Frage klärt gleich dreierlei. Erstens: Hat der Bewerber seine Hausaufgaben gemacht und kennt er sich mit dem Unternehmen, insbesondere aber mit dem anvisierten Job aus? Zweitens: Welche wahren Gefühle hegt er gegenüber seinem bisherigen Arbeitgeber und seinen bisherigen Arbeitsinhalten? Drittens: Welche Ziele hat derjenige und wie realistisch sind diese – verglichen mit der ausgeschriebenen Stelle?

Auf welche Ihrer bisherigen Leistungen sind Sie besonders stolz und warum?

Die Art und Weise, wie Sie bisherige Erfolge beschreiben, gibt auch einen Eindruck, welche Projekte Ihnen liegen, wo Ihre Stärken sind und wie Sie diese eingesetzt haben. Ihr Gesprächspartner interessiert sich aber ebenso sehr für Ihr Verhalten während der Beschreibung. Sind Sie eher kühl und sachlich oder zeigen Sie Emotionen, wenn Sie von erfolgreichen Projekten berichten? Auf diese Weise erhält der Personaler einen weiteren Eindruck Ihrer Persönlichkeit.

Wie finden Sie es, geführt zu werden?

Auf den ersten Blick mag die Frage trivial klingen, doch sie ist es nicht: Weil sie nicht der typischen Bewerberperspektive, sondern eher einer Managementsicht entspricht, klärt sie auf subtile Weise, wie gut und schnell sich der Kandidat später in die Firmenkultur einfügen wird.

Wann haben Sie das letzte Mal die Regeln gebrochen und warum?

Jeder hat schon mal gegen (Unternehmens-)Regeln verstoßen. Die Antwort zeigt also, wie ehrlich der Kandidat ist. Zugleich kommt es aber darauf an, in welchem Zusammenhang das geschah und warum derjenige die Regeln gebrochen hat. So finden Personaler heraus, ob sie es hier mit einem notorischen Querulanten und Eigenbrötler zu tun haben, mit einem kritischen Moralisten oder einem smarten Entscheider.

Was schuldet ein Unternehmen seinen Mitarbeitern?

Ja, genau: sehr ungewöhnlich diese Frage. Deshalb lassen die Antworten darauf meist auch etwas auf sich warten. Sie zwingt aber den Interviewten zum Um- und Querdenken. Zudem lässt die Antwort erkennen, welche tatsächlichen Erwartungen derjenige an die Position hat, was er unter Fairness versteht und was ihn letztlich motiviert.

Mit welcher Ihrer Eigenschaften fühlen Sie sich von anderen Menschen missverstanden?
Die Frage ist anders als jene typischen über die größten Stärken oder Schwächen. Sie zielt auf eine Schwäche, die derjenige jedoch ganz anders sieht – und deshalb bereitwilliger, womöglich sogar ehrlicher darüber erzählt. So kann ein Gespräch entstehen, das den Kandidaten viel ausgewogener beleuchtet.

Können Sie sich Gründe vorstellen, warum jemand nicht gern mit Ihnen zusammenarbeitet?
Für ein harmonisches und produktives Miteinander muss auch die Atmosphäre im Team stimmen. Natürlich wollen der verantwortliche Personaler und Ihr zukünftiger Vorgesetzter damit herausfinden, wie umgänglich Sie sind und ob Sie als Person in das bestehende Team passen. Ein einfaches „Nein, mir fallen keine Gründe ein" reicht allerdings als Antwort nicht. Das steht für geringe Selbstreflexion.

Arten von Stressfragen im Vorstellungsgespräch

Sogenannte Stressfragen gibt es unzählige. Die meisten Fragen lassen sich in fünf Arten unterteilen, zu denen auch die Fangfragen gehören. Um sich besser auf das Bewerbungsgespräch vorzubereiten, finden Sie hier noch ein paar Listen dazu. Spielen Sie die Fragen ruhig einmal für sich zu Hause durch, dann bleiben Sie in der echten Situation deutlich gelassener.

1. Analogie-Fragen

Analogie-Fragen erscheinen auf den ersten Blick völlig sinnlos und haben nichts mit dem Job zu tun. Scheinbar! Tatsächlich ist der Gedanke dahinter, dass Sie dabei über sich selbst sprechen, jedoch in einem anderen Kontext. In den meisten Fällen geht es dabei um Ihre Motivation, Ihre Werte und (beruflichen) Ziele, also um Facetten Ihrer Persönlichkeit und Ihre Soft Skills. Zu dieser Sorte Stressfragen gehören:

- *Was ist Ihr persönliches Geheimnis?*
- *Wenn Sie ein Superheld sein könnten, welche Superkraft hätten Sie?*
- *Was würden Sie tun, wenn Sie im Lotto gewinnen?*
- *Welche drei Dinge würden Sie auf eine einsame Insel mitnehmen?*
- *Welche Frage möchten Sie nicht gestellt bekommen?*

2. Fangfragen

Diese kennen Sie schon, deshalb folgen hier nur ein paar weitere Beispiele:

- *Warum hatten Ihre Bewerbungen noch keinen Erfolg?*
- *Wie würden Sie sich selbst in nur einem Wort beschreiben?*
- *Was ist die schlechteste Eigenschaft, die Ihnen andere nachsagen?*
- *Was werden Ihre Kollegen hier von Ihnen lernen?*
- *Erklären Sie bitte einem Blinden die Farbe Rot.*

3. Provokationen

Manche Stressfragen verkleiden sich auch als provokative Aussagen mit offenem Ausgang. Sie sollen irgendeine Reaktion hervorrufen – insbesondere, wenn die Aussagen oder Fragen versuchen, den Finger in eine potenzielle Wunde zu legen. Beispiele sind:

- *Haben Sie heute einen schlechten Tag oder treten Sie immer so auf?*
- *Sie haben ja ziemlich lange studiert ...*
- *Ich kann mir nur schwer vorstellen, dass Sie ins Unternehmen passen.*
- *Da sind aber einige versteckte Botschaften in Ihrem Arbeitszeugnis!*
- *Sie waren ja noch nie weit weg von Ihrem Heimatort oder im Ausland.*

4. Brainteaser

Brainteaser im Bewerbungsgespräch zielen wiederum auf die Intelligenz, Kreativität, Auffassungsgabe, Analysestärke und das logische Denken eines Kandidaten. Große Unternehmen wie beispielsweise Google sind berüchtigt für solche Knobelaufgaben, FERMI-Fragen und Logikrätsel. Darunter fallen:

- *Wie viele Klavierstimmer leben in Chicago?*
- *Wie viele Kalorien gibt es in einem Supermarkt?*
- *Wie oft am Tag überlappen sich die Zeiger einer Uhr?*
- *Welcher Tag ist morgen, wenn vorgestern der Tag nach Montag war?*
- *Die Ziffern von 1 bis 9 wurden in eine völlig neue Reihenfolge gebracht, sie lautet: 8 3 1 5 9 6 7 4 2. Welches Ordnungsprinzip steckt dahinter?*

Falls Sie sich gezielt auf solche Brainteaser-Fragen und Intelligenztests vorbereiten wollen, finden Sie auf Karrierebibel.de eine kostenlose Liste mit 60 der häufigsten Fragen samt Lösungen dazu:
https://karrierebibel.de/brainteaser-bewerbungsgesprach/

5. Trichterfragen

Der letzte Stressfragen-Typus hat die unangenehme Eigenschaft, zunächst überhaupt nicht nach einer Stressfrage auszusehen, sondern völlig harmlos daherzukommen. Der Personalentscheider fragt Sie beispielsweise: „Wie zufrieden waren Sie mit Ihrem letzten Projekt, das Sie geleitet haben?" Klingt nicht nach Stress, oder? Doch dann setzt der Interviewer nach:

- *Wie groß war das Budget für das Projekt?*
- *Wie groß war Ihr Anteil an der Gesamtleistung?*
- *Welche Probleme gab es?*
- *Wie haben Sie diese gelöst?*
- *Warum ausgerechnet so?*
- *Was hat es im Unternehmen bewirkt?*
- *Welchen Mehrwert konnten Sie schaffen?*
- *Wie können Sie diesen quantifizieren?*

Wie bei einem Trichter geht es mit jeder Frage immer tiefer ins Detail. Das hat zwei Gründe: Erstens können Sie vielleicht noch bei der Eingangsfrage schwindeln. Je tiefer der Personaler aber gräbt, desto eher wird deutlich, was und wie Sie wirklich gearbeitet haben. Klar, dass sich jeder, der vorher heiße Luft verblasen hat, beim Nachhaken ins Abseits manövriert. Zudem liefern die Trichterfragen gute Indizien für die Arbeitsweise und Problemlösungskompetenz von Bewerbern.

Mehr dazu finden Sie in diesem kostenlosen PDF, das Sie sich ebenfalls zusätzlich auf unserer Seite herunterladen können: https://karrierebibel.de/wp-content/uploads/2016/09/Stressfragen-Arten-Beispiele-Vorstellungsgespraech.pdf.

Illegale Fragen – wie reagieren?

Arbeitgeber und Personaler haben zwar ein grundsätzliches Fragerecht, Bewerber wiederum haben jedoch ein Recht auf Privatsphäre. In diesem Spannungsfeld bewegt sich das Vorstellungsgespräch. Bestimmte Fragen dürfen Ihnen im Vorstellungsgespräch allerdings gar nicht gestellt werden – sogenannte illegale Fragen.

Aus juristischer Sicht müssen Sie unzulässige Fragen grundsätzlich nicht beantworten und dürfen sogar mit einer Notlüge antworten. Das ist im Allgemeinen Gleichbehandlungsgesetz (AGG), umgangssprachlich Antidiskriminierungsgesetz, verankert. Ausnahmen gelten nur dann, wenn die Frage einen Bezug zum Job hat: Einen angehenden Pastor darf man nach seiner Religion fragen, einen Polizisten nach möglichen Vorstrafen. Abgesehen von diesen seltenen Ausnahmen gibt es zahlreiche unzulässige Fragen, die Bewerber weder beantworten müssen noch sollten.

Liste verbotener Fragen

Die folgende Liste gibt Ihnen einen Überblick über Fragen, die im Vorstellungsgespräch nicht fallen dürfen. Verboten sind beispielsweise Fragen wie:

- *Sind Sie schwanger?*
- *Wann wollen Sie heiraten?*
- *Planen Sie in absehbarer Zeit Kinder zu bekommen?*
- *Sind Sie homo- oder heterosexuell?*
- *Was macht Ihr Partner beruflich?*
- *Sind Sie häufig krank?*
- *Rauchen Sie eigentlich?*
- *Welche (schweren) Erkrankungen hatten Sie schon?*
- *Leiden Sie an chronischen Krankheiten?*
- *Glauben Sie an Gott? An welchen?*
- *Sind Sie Mitglied einer politischen Partei?*
- *Sind Sie Mitglied einer Gewerkschaft?*
- *Welcher Glaubensgemeinschaft gehören Sie an?*
- *Haben Sie Vorstrafen?*
- *Waren Sie schon einmal im Gefängnis?*
- *Haben Sie Schulden?*
- *Können Sie gut mit Geld umgehen?*
- *Ist Ihre Familie reich?*

Clevere Personaler umgehen die gesetzlichen Regelungen übrigens, indem sie verbotene Fragen umformulieren. So ist beispielsweise die Frage nach dem Alter nicht erlaubt. Gefragt werden darf aber nach der beruflichen Erfahrung, diese wiederum gibt indirekt Aufschluss über das Alter. Ähnlich ist es mit der Frage nach der Herkunft: Die ist verboten. Erlaubt ist aber, nach der Muttersprache zu fragen.

Auch wenn manche Fragen verboten sind, kommt es immer wieder vor, dass sie gestellt werden. Mir ist wichtig, dass Sie auch darauf vorbereitet sind und sich schon jetzt überlegen, wie Sie darauf reagieren wollen.

Thema	Zulässig?	Teils zulässig?	Offenbarungspflicht
Alter	✗	✗	✗
Herkunft	✗	✗	✗
Familienstand	✗	✗	✗
Schwangerschaft	✗	✓	✗
Religion	✗	✓	✗
Vermögensverhältnisse	✗	✓	✗
Krankheit (*ansteckend)	✗	✓	✓*
Behinderung	✗	✓	✗
Vorstrafen	✗	✓	✗
Drohende Haftstrafe	✓	✓	✓
Wettbewerbsverbot	✓	✓	✓
Bisherige Arbeitgeber	✓	✓	✗

(Anm. „Teils zulässig" bedeutet, dass Sie bei bestimmten Berufen oder Arbeitgebern dazu doch wahre Aussagen machen müssen; bei einer „Offenbarungspflicht" wiederum müssen Sie weitere Details nennen.)

Setzen Sie Grenzen

Ich persönlich finde: Ihr Privatleben müssen Sie nicht offenlegen. Das geht Arbeitgeber nichts an, schon gar nicht bei der Bewerbung. Ihre ehrenamtlichen Aktivitäten und sportlichen Interessen sind für den Personaler vielleicht noch interessant und Gegenstände von Rückfragen, aber Ihre Familienplanung, Ihr Freundeskreis oder andere private Themen gehören nicht ins Vorstellungsgespräch.

Ungeschickt wäre es allerdings, auf die Frage danach schnippisch zu antworten, nach dem Motto: „Dazu sage ich nichts!" Damit machen Sie sich nur verdächtig, etwas zu verheimlichen. Es kostet auch wertvolle Sympathiepunkte und ich finde es recht unsouverän. Grenzen setzen Sie geschickter auf andere Weise: Kontern Sie eine indiskrete Frage zum Beispiel, indem Sie eine Rückfrage stellen – „Ist das für die Stelle tatsächlich relevant? Warum?" Solange Sie im Ton freundlich, aber bestimmt bleiben, signalisieren Sie: „Hier ist Schluss! Das geht zu weit." Wer es noch ein bisschen deutlicher mag, kontert mit Ironie: „Ach, ist die Schwangerschaft Voraussetzung für den Job? Ich fürchte, das habe ich in der Stellenanzeige überlesen ..." Zugegeben, nicht jeder Personaler reagiert darauf positiv. Es bleibt letztlich Ihre Entscheidung, ob die Gegenfrage zur Atmosphäre passt oder ob Sie die in diesem Fall erlaubte Notlüge vorziehen. Ansonsten gilt ...

Wie auf unzulässige Fragen reagieren?

1. Ruhig bleiben

Möglicherweise stellt der Personaler die Frage aus Versehen und Unwissenheit – oder bewusst, um Ihre Reaktion in der Stresssituation zu testen. Bevor Sie empört antworten, atmen Sie erst einmal tief durch und prüfen Sie, ob die Frage wirklich ernst gemeint ist.

2. Sachlich bleiben

Gelassenheit ist die beste Antwort. So beweisen Sie Ihre Souveränität auch unter Stress. Wer die Nerven verliert oder ausfallend wird, ist raus. Sie können auch antworten: „Das ist eine sehr gute Frage!" – und schweigen.

3. Realistisch bleiben

Egal ob Sie sich für Ehrlichkeit, Lüge oder empörtes Verlassen des Raums entscheiden: Vielleicht bekommen Sie den Job (trotzdem) nicht. Nicht schlimm. Machen Sie sich klar: Wer solche Fragen stellt, hat Sie auch nicht verdient!

Ausnahmen und Offenbarungspflicht

Keine Regel ohne Ausnahmen! In bestimmten Fällen müssen Bewerber Fragen wahrheitsgemäß beantworten, die eigentlich verboten sind. Andernfalls hätte der Arbeitgeber später das Recht zur Anfechtung des Vertrags. Als Faustregel können Sie sich merken: Sie müssen Fragen immer dann ehrlich beantworten, wenn die Informationen für den Job relevant sind. Dazu gehören beispielsweise Fragen zu den Vermögensverhältnissen, insbesondere Schulden – etwa bei Bankangestellten und Kassierern. Oder Fragen zu Vorstrafen – etwa bei Juristen oder angehenden (Polizei-)Beamten. In einigen Fällen unterliegt der Bewerber sogar einer Offenbarungspflicht. Das bedeutet, der oder die Bewerberin muss auch ungefragt von sich aus den Arbeitgeber informieren, zum Beispiel bei:

- *Verurteilung zu einer Haftstrafe, sofern sie in nächster Zeit angetreten wird und länger dauert.*
- *ansteckender Krankheit, sofern eine Gefährdung der Kollegen vorliegt.*
- *schwerer Krankheit oder Schwerbehinderung, sofern diese ihn von vornherein an der Ausübung des Berufs hindert.*
- *Wettbewerbsverbot durch die vorherige Arbeitsstelle, sofern der potenzielle Arbeitgeber ein Wettbewerber ist.*

Auch bei einer Schwangerschaft kann das der Fall sein. Weil schwangere Frauen besonders schutzwürdig sind, muss die Frage nach einer Schwangerschaft – ausnahmsweise – dann ehrlich beantwortet werden, wenn der Job körperlich anstrengend ist und deshalb von einer Schwangeren nicht ausgeübt werden darf. Etwa weil er sonst die Gesundheit von werdender Mutter und Kind gefährdet.

Spätestens in der Probezeit fliegt manche Heimlichtuerei sowieso auf – etwa die Religionszugehörigkeit: Die Kirchensteuer steht auf der Lohnabrechnung. Deshalb ist es manchmal besser, direkt die Wahrheit zu sagen – oder mindestens eine überzeugende Begründung vorzubringen. Wenn beide offen und fair miteinander umgehen, stellen sie das Arbeitsverhältnis direkt auf eine solide Basis. Mehr noch: Unter Umständen riskiert ein Arbeitnehmer, Schadensersatz an den Arbeitgeber zahlen zu müssen, wenn eine berechtigte Frage nicht wahrheitsgemäß beantwortet wurde. Und das sollten Sie sich besser sparen.

Phase 4: Rückfragen

In jedem Vorstellungsgespräch kommt irgendwann die Phase, in der Sie eigene Fragen stellen können und sollten – die sogenannten Rückfragen. Eingeleitet wird dieser Teil meist mit dem Satz: „Haben Sie noch Fragen?" Die einzig richtige Antwort darauf lautet: „Ja." Wann immer Ihnen ein Personaler im Vorstellungsgespräch die Frage stellt, sollten Sie auf keinen Fall schweigen oder gar den Kopf schütteln: Sie haben bitte IMMER eigene Fragen! Schon aus zwei Gründen:

- *Dies ist eine einmalige Gelegenheit, mehr über das Unternehmen und Ihren vielleicht zukünftigen Arbeitsplatz, den Chef, dessen Anforderungen und die Kollegen zu erfahren.*
- *Dies ist ein Test, der Ihr wahres Interesse an dem Job abklopft, aber auch, ob und wie intensiv Sie sich auf das Vorstellungsgespräch und den Arbeitgeber vorbereitet haben.*

An der Tiefgründigkeit und Cleverness Ihrer Rückfragen kann selbst ein ungeübter Personaler erkennen, ob Sie nur die Stellenanzeige oder auch die Webseiten (Plural!) des Unternehmens sowie einschlägige Fachartikel dazu studiert haben.

Überdies dokumentieren Rückfragen echtes Interesse. Sie beweisen damit, dass Sie bestens vorbereitet und aufmerksam sind. Kluge Fragen unterstreichen zudem Ihre Intelligenz: Sie erfahren so schließlich viel mehr über den Job und das Unternehmen, als wenn Sie nur zuhören. Sie wissen ja: Wer fragt, der führt – vor allem das Gespräch!

Kluge Gegenfragen hinterlassen zwangsläufig einen guten Eindruck. Aber stellen Sie auch nicht zu viele davon. Das Optimum liegt irgendwo zwischen fünf und zehn Rückfragen, je nachdem, wie sich das Gespräch entwickelt.

Gute Rückfragen

Tatsächlich gibt es kluge und auch dumme Fragen, die Sie im Vorstellungsgespräch stellen können. Als Faustformel können Sie sich merken: Zu den klugen Fragen zählen all jene, die sich rund um den Job, die Aufgaben, die Herausforderungen und den Erfolg drehen. Hier ein paar Beispiele für gute Rückfragen, die Sie immer stellen können:

- *Wie definieren Sie Erfolg für diese Position?*
- *Was erwarten Sie von dem idealen Kandidaten?*
- *Was zeichnet Ihre besten Mitarbeiter aus?*
- *Was könnte mich an diesem Job am meisten frustrieren?*
- *Wie würden Sie den Führungsstil meines Chefs beschreiben?*
- *Wie würden Sie Ihre Unternehmenskultur beschreiben?*

- *Wie wird bei Ihnen Leistung gemessen und bewertet?*
- *Wie werden bei Ihnen Talente und Stärken gefördert?*
- *Warum arbeiten Sie gern für dieses Unternehmen?*
- *Wann kann ich mit Ihrer Entscheidung rechnen?*

Vor allem die erste Frage empfehle ich regelmäßig sowie deren Variante: „Was muss ein Kandidat aus Ihrer Sicht mitbringen, um in dieser Position erfolgreich zu sein?" Die Antwort darauf verrät Ihnen viel über die Wertvorstellungen des Unternehmens und damit einiges über die Leistungserwartungen an Sie. Und zwar, ohne plump zu fragen: „Was muss ich tun, um hier Karriere zu machen?"

Genau darum geht es übrigens bei allen Rückfragen: ein bisschen um die Ecke denken, geschickt fragen und so zwischen den Zeilen mehr heraushören, als der Personaler vielleicht preisgeben möchte. Ein wirklich guter Arbeitgeber, der nichts zu verbergen hat, und ein Personaler, der tatsächlich Leistungsträger und Talente einstellen will und nicht nur devote Jasager, wird solche Fragen wertschätzen und einen pfiffigen Kopf mit Potenzial dahinter erkennen. Also bitte keine Scheu: Stellen Sie gute Fragen ... nur Mut!

Durch Zuhören eigene Fragen gewinnen

Geeignete Fragen könnten Sie sich schon vor dem Termin überlegen oder aus diesem Buch übernehmen. Noch wichtiger ist aber, dass Sie während des Vorstellungsgesprächs aktiv zuhören. So vermeiden Sie es, Fragen zu stellen, auf die bereits eine Antwort gegeben wurde. Zudem liefern Ihnen die Vorstellung des Unternehmens und der ausgeschriebenen Stelle viele Anknüpfungspunkte für eigene Fragen. Ihre Aufmerksamkeit wird positiv auffallen.

Offene Fragen

Von Führungskräften wird erwartet, dass sie die Gesprächsführung übernehmen können. Entsprechend sind gute Rückfragen hier ein absolutes Muss. Das gilt aber auch für alle anderen Mitarbeiter in spe, für künftige Leistungsträger oder Fachkräfte. Der Trick ist, dass Sie vor allem offene Fragen nutzen, um möglichst viele Informationen zu erhalten. Im Gegensatz zu geschlossenen Fragen, die nur mit „Ja“ oder „Nein“ beantwortet werden können („War mein Vorgänger beliebt?“), verleiten offene Fragen eher zum sprichwörtlichen „Plaudern aus dem Nähkästchen“. Noch besser gelingt das, wenn Sie die offenen Fragen mit Ich-Botschaften und kurzen Anekdoten garnieren, zum Beispiel so: „Bisher habe ich vor allem die Erfahrung gemacht, dass Mitarbeiter ... Wie sieht das bei Ihnen aus?“ Weil offene Fragen so viel Potenzial für ein aufschlussreiches Gespräch bieten, zeige ich Ihnen hier weitere Beispiele für offene Rückfragen, die Sie ebenfalls immer stellen können:

Warum ist die Stelle vakant?

Die Position könnte neu geschaffen worden sein – oder schwer zu besetzen, weil der Job ein Schleudersitz ist. Die Erwartungen an den Inhaber sind entweder zu hoch oder die Herausforderungen mit dem Budget und dem Team nicht zu schaffen. Besser, Sie finden all das vorher heraus. Vielleicht ist Ihr Vorgänger sogar befördert worden. Klasse! Das könnte für einen sogenannten Durchlauferhitzer mit guten Beförderungschancen sprechen. Fassen Sie also ruhig weiter nach.

Wie lange hat mein Vorgänger in der Position gearbeitet?

Mithilfe dieser Frage erweitern Sie das Feld der ersten Frage um die zeitliche Dimension und finden indirekt heraus, wie schnell sich das Postenkarussell in diesem Unternehmen dreht.

Was wurde aus Mitarbeitern, die in dieser Abteilung gearbeitet haben?

Die Frage hat zwei Aspekte: Einmal erfahren Sie, ob und wie Angestellte gezielt weiterentwickelt und gefördert werden. In dem Fall sollte der Personaler von ein paar spannenden Lebensläufen berichten können. Sie finden damit aber womöglich auch heraus, was mit jenen passiert, die in Ungnade fallen oder sich nicht weiterentwickeln.

Was unterscheidet gute von exzellenten Mitarbeitern?

Eine meiner Lieblingsfragen – und extrem tricky. Vordergründig wollen Sie wissen, wie das Unternehmen Talent und Leistung definiert. Ganz nebenbei erfahren Sie aber, was man von Ihnen künftig erwartet. Denn natürlich gehören Sie in die Kategorie „exzellent" und wollen wissen, wie das definiert und gemessen wird. Obendrein verrät die Antwort viel über die Unternehmenskultur und wie offen diese für brillante Köpfe und Ideen ist. Eine langweilige Antwort auf die Frage wäre für mich ein Warnsignal.

Wie sieht Erfolg in den ersten 90 Tagen aus?

Als Neuer genießen Sie anfangs so etwas wie Welpenschutz. Sie dürfen viele Fragen stellen, Fehler machen, lernen. Aber irgendwann wird man von Ihnen erste Fortschritte und Erfolge erwarten. Mit dieser Frage finden Sie heraus, wie die Erwartungen an Sie aussehen und wie realistisch diese sind, insbesondere nach der ersten Schonzeit.

Welche Herausforderungen erwarten mich in den ersten 90 Tagen?

Diese Frage ähnelt der vorigen, aber jetzt interessiert vor allem der Subtext: Achten Sie auf die Zwischentöne und bohren Sie ruhig ein bisschen nach – um welche Herausforderungen geht es genau? Welche Konflikte lauern wo? Wie ist das Team zusammengesetzt? Wie offen geht das Unternehmen mit Schwierigkeiten um? Das Nachhaken ist völlig okay, schließlich wollen Sie den Job schaffen und die Probezeit überstehen!

Welchen Herausforderungen muss sich Ihr Unternehmen aktuell stellen?

Gleiche Frage, nur eine Dimension größer. Gewiss, man wird Ihnen kaum erzählen, dass man kurz vor der Insolvenz steht. Aber vielleicht erfahren Sie etwas über das (Selbst-)Bewusstsein der Firma – wo diese aktuell im Markt steht und künftig stehen will. Die wichtigste Frage dahinter schwingt ebenfalls mit: Befindet sich das Unternehmen auf Wachstumskurs oder Schrumpfkur?

Clevere eigene Fragen sind der Ausweis für Eigeninitiative und Selbstbewusstsein und sie signalisieren eine professionelle Einstellung. Gute Gegenfragen zu stellen ist daher Ihre Pflicht. In jedem Vorstellungsgespräch. Und natürlich lassen sich diese wieder wunderbar vorbereiten, auswendig lernen oder auf einem Spickzettel mitbringen.

Eine ausführliche Liste mit über 80 cleveren Rückfragen können Sie sich gern kostenlos als PDF herunterladen, ausdrucken und sich als Merkzettel zum Vorstellungstermin mitnehmen: ***https://karrierebibel.de/wp-content/uploads/2022/02/Rueckfragen-Bewerbungsgespraech-Fragenkatalog.pdf***

Achtung: Dumme Fragen!

Auch wenn es im Volksmund heißt, es gäbe keine dummen Fragen: Im Vorstellungsgespräch existieren sie durchaus! Solche Rückfragen lassen Bewerber schrecklich unvorbereitet und dumm aussehen. Dazu gehören alle Fragen, die sich leicht mit etwas Recherche im Internet hätten beantworten lassen, oder Dinge, die schon in der Stellenanzeige stehen. Zum Beispiel: Wie viele Mitarbeiter hat Ihr Unternehmen? Welche Standorte gibt es bei Ihnen? Haben Sie auch Niederlassungen im Ausland? Ist das Betriebsklima gut? Was soll der Personaler darauf antworten: „Nein, aber wir wären froh, wenn Sie trotzdem in dem Horrorladen anheuern!"? Eben.

Schlimm sind aber auch Fragen vom Typ: „Wie schnell wird man hier befördert?" – Fluchtgedanken noch vor der Einstellung? Eine solche Frage klingt, als sei dieser Job für Sie nur eine Zwischenstation. Genauso gut ließe sich fragen: „Wie schnell kann ich hier wieder weg?" Die Frage klingt nach Ambitionen – ist aber Sprengstoff. Sie haben ja noch nicht einmal bewiesen, dass Sie die Probezeit bestehen können. Der Personaler muss und will eine freie Stelle besetzen. Idealerweise mit einer Person, die genau diesen Job zu 100 Prozent machen will. Wenn Sie Rückfragen stellen, dann bitte immer nur zum aktuellen Job, auf den Sie sich bewerben. Sie dürfen bestenfalls Fragen stellen zu den Möglichkeiten, sich weiterzubilden oder an den Herausforderungen zu wachsen. Aber Ungeduld kommt nicht gut an.

Oder ganz schlimm: „Kann ich eher kommen und dafür früher gehen?" Ich verstehe die Frage natürlich. Das Interesse an einer guten Work-Life-Balance ist legitim, insbesondere wenn Sie Familie oder Kinder haben. Doch klingt die Frage nicht danach. Was der Personaler hört, ist jemand, der sich in den Job nicht mit Herzblut reinhängt, sondern zuerst an sein privates Wohl denkt – ein klassisches Eigentor. Wenn Sie in diese Richtung fragen wollen, dann bitte eher so: „Können Sie beschreiben, wie ein typischer Arbeitstag in Ihrem Unternehmen aussieht?" Bei dieser Rückfrage zeigen Sie Interesse ohne Betonung auf Freizeit oder den privaten Terminkalender. Die Informationen, die Sie dabei erhalten, können aber genauso nützlich sein.

Phase 5: Verabschiedung

Noch ist das Vorstellungsgespräch nicht vorbei. Die Schlussphase gehört unbedingt dazu und wird gern unterschätzt. „Ach, ist doch nur die Verabschiedung!", denken viele ... und denken falsch. Die Schlussphase wirkt stets über das Gespräch hinaus und hallt nach. Ein schwerer Fauxpas hier und er bleibt länger in Erinnerung als der geniale Auftakt bei der Begrüßung. Man kann am Schluss tatsächlich viel einreißen, was man am Anfang aufgebaut hat. Daher zählt diese Phase definitiv zu einer der wichtigsten überhaupt – auch wenn sie vielleicht nur ganz kurz dauert.

Sobald Ihr Gesprächspartner deutlich macht, dass das Vorstellungsgespräch beendet ist, stehen Sie auf, halten Blickkontakt, lächeln wieder und verabschieden sich formvollendet. Optimal ist, wenn Sie sich dabei noch einmal für die Einladung, das nette Gespräch und die angenehme Atmosphäre bedanken. Geben Sie jedem Anwesenden – in hierarchischer Reihenfolge! – die Hand und sprechen Sie die Anwesenden persönlich mit Namen an (Sie erinnern sich: Namen sind Nachrichten und haben enorme Wirkung).

Lange Monologe sind hierbei nicht nötig. Ein kurzes, herzliches Statement reicht völlig. Zum Beispiel: „Frau Muster, es hat mich gefreut, Sie kennenzulernen." Oder: „Herr Beispiel, ich danke Ihnen für die aufschlussreichen Antworten und Erklärungen."

Interesse untermauern

Im Idealfall knüpfen die Schlussbemerkungen an das bisher Gesagte an. Überdies können und sollten Sie hier noch einmal den Wunsch bekräftigen, für das Unternehmen arbeiten zu wollen. Aber tragen Sie nicht zu dick auf, das wirkt verzweifelt. Eleganter sind beispielsweise folgende Formulierungen:

- **(Direkt)** *„Ich bin mir inzwischen sicher: Das ist der Job, den ich wirklich will. Was kann ich noch tun, um Sie davon zu überzeugen, dass ich die beste Besetzung bin?"*
- **(Fragend)** *„... aus diesen Gründen denke ich, der beste Kandidat für diese Position zu sein. Brauchen Sie noch weitere Informationen für ein konkretes Jobangebot?"*
- **(Offensiv)** *„Ich bin an diesem Job wirklich sehr interessiert. Was würde Sie noch davon abhalten, mir die Position anzubieten?"*

- **(Defensiv)** *„Ich könnte den Job schon nächste Woche antreten. Was wäre der nächste Schritt dafür? Was brauchen Sie noch, um sich zu entscheiden?"*
- **(Verständnisvoll)** *„Ich würde mich freuen, für Sie zu arbeiten. Sie sehen ja, meine Stärken liegen vor allem in ______ und ______. Was wären die nächsten Schritte in Ihrem Auswahlprozess?"*
- **(Emotional)** *„Nach dem, was ich heute über Ihren Betrieb gelernt habe, bin ich noch begeisterter, für Sie zu arbeiten. Ich hoffe, bald von Ihnen eine positive Nachricht zu erhalten."*

TIPP

Vergessen Sie am Ende nicht, wichtige Informationen für Ihre Bewerbung und weitere Schritte zu sammeln. Bitten Sie um die Visitenkarte (oder E-Mail + Telefonnummer) des wichtigsten Entscheidungsträgers. Und stellen Sie etwa folgende Abschlussfragen:

- Habe ich alle Ihre Fragen beantwortet?
- Was wären die nächsten Schritte im Bewerbungsprozess?
- Wann kann ich mit einer Antwort von Ihnen rechnen?
- Mit wem von Ihnen kann ich in Kontakt bleiben?

Souverän weggehen

Und dann ist das Gespräch wirklich vorbei. Es wurde alles gefragt und gesagt – bleibt nur noch der Abschied. Auch beim

Abgang sollten Sie eine gute Figur machen: Behalten Sie die Körperspannung, sammeln Sie Ihre Unterlagen, Jacke und Tasche zusammen und verlassen Sie aufrecht und selbstsicher den Raum. Ganz wichtig: Langsam machen! Bitte kein hektisches Einpacken oder Herausstürmen! Das sieht nach Flucht aus. Ruhige Bewegungen dagegen beweisen buchstäblich Rückgrat und Souveränität. Es ist nicht übertrieben, wenn Sie sich auf dem Weg nach draußen ebenfalls von Assistenten, Empfangskräften oder dem Pförtner höflich verabschieden. Die freuen sich darüber und finden vielleicht später freundliche Worte für den sympathischen Bewerber mit Kinderstube. Auf diese Weise hinterlassen Sie bis zur letzten Minute einen ebenso positiven wie professionellen Eindruck.

Erlaubt sind zum Abschied ebenfalls dezente Komplimente zum Unternehmen, zum Beispiel: „Ich muss zugeben, Ihre Büros und das Gebäude haben mich ganz schön beeindruckt." Mir persönlich gefallen immer konkrete Fragen zum weiteren Ablauf. Zum Beispiel: „Was wären die nächsten Schritte im Bewerbungsprozess?" Oder: „Wann kann ich frühestens mit einer Antwort rechnen?" Oder: „Mit wem von Ihnen kann ich in Kontakt bleiben oder auf wen bei eventuellen Rückfragen zukommen?" Setzen Sie Ihren Gesprächspartner aber bitte nie unter Druck. Als Faustregel gilt: Frühestens zwei Wochen nach dem Gespräch dürfen Sie sich telefonisch erkundigen, ob es schon eine Entscheidung gibt. Oft dauert der Auswahlprozess allerdings länger.

Zu guter Letzt

Selbst wenn das Vorstellungsgespräch nicht optimal gelaufen sein sollte und Sie enttäuscht sind: Lassen Sie sich das nie anmerken. Bleiben Sie bis zum Schluss positiv. Erstens, weil Sie nie wissen, ob die Interviewer nicht vielleicht einen viel besseren Eindruck von Ihnen hatten; zweitens, weil das gezeigte Selbstbewusstsein etwaige Zweifel zerstreuen kann.

Achtung, Killersätze!

Reden Sie sich nicht ausgerechnet am Schluss des Gesprächs um Kopf und Karriere. Auch wenn Sie sich zuvor perfekt präsentiert, schwierige Fragen souverän beantwortet und kluge Rückfragen gestellt haben: Wer am Ende patzt, weckt Zweifel an der Eignung. Oft sind das überschüssige Adrenalin und die Nervosität schuld daran, dass man mehr plappert, als einem guttut. Vermeiden Sie daher bitte folgende Sätze, die Sie als Nervenbündel entlarven und leider alle schon vorgekommen sind:

- *Ich war heute ganz schön nervös.*
- *Bei der zweiten Frage kam ich richtig ins Schwitzen.*
- *Ich bin sehr froh, dass Sie mich eingeladen haben.*
- *Ist ja gut gelaufen. Aber jetzt bin ich froh, dass es vorbei ist.*
- *Wie stehen meine Chancen eigentlich jetzt so?*
- *Zum Glück habe ich mich mit Karrierebibel.de gut vorbereitet!*

Ein befreundeter Headhunter hat mir einmal von einem Kandidaten erzählt, der während des gesamten Jobinterviews einen tadellosen Eindruck hinterlassen hatte. Am Schluss sagte er: „Ich hätte nicht gedacht, dass mich noch mal ein Headhunter anruft." Ein Satz zu viel, der Job war weg. Eben noch ein Toptalent, wirkte der Kandidat jetzt wie von Rudis Resterampe. Dumm gelaufen ...

Checkliste für das Vorstellungsgespräch

Zum Abschluss dieses Kapitels bekommen Sie noch eine kompakte Checkliste für das Bewerbungsgespräch. Haben Sie bei Ihrer Vorbereitung an alles gedacht?

- ☐ *Sie haben die Firmen-Homepage studiert, Zahlen und Namen recherchiert.*
- ☐ *Wissenswertes über den Arbeitgeber ist geklärt (Arbeitgeber-Check).*
- ☐ *Die Stellenanzeige ist bekannt, ebenso alle wesentlichen Anforderungen.*
- ☐ *Wichtige Rückfragen sind gemerkt oder notiert.*
- ☐ *Die eigenen Gehaltsvorstellungen sind geklärt.*
- ☐ *Sie kennen den frühestmöglichen Eintrittstermin.*
- ☐ *Der typische Ablauf eines Vorstellungsgesprächs ist Ihnen bewusst.*
- ☐ *Sie begrüßen Gesprächspartner mit einem Händedruck und Lächeln.*
- ☐ *Im Gespräch halten Sie Blickkontakt und Körperspannung.*
- ☐ *Auf typische Fragen sind Sie vorbereitet.*

- ☐ *Auf Fangfragen ebenso.*
- ☐ *Sie kennen alle unzulässigen Fragen, die Sie nicht beantworten müssen.*
- ☐ *Klassische Fehler kennen und vermeiden Sie.*
- ☐ *Die Selbstpräsentation ist geübt und präsent.*
- ☐ *Erfolge und Erfahrungen können Sie durch Beispiele belegen.*
- ☐ *Sie kennen Ihre für den Job relevanten Stärken.*
- ☐ *Sie stehen zu Ihren Schwächen und gehen konstruktiv damit um.*
- ☐ *Ebenso mit möglichen Lücken im Lebenslauf.*
- ☐ *Sie machen keine negativen Aussagen über Jobs, Kollegen, Chefs.*
- ☐ *Am Ende fragen Sie, wie es weitergeht.*
- ☐ *Und wann Sie mit einer Entscheidung rechnen können.*
- ☐ *Sie verabschieden sich formal korrekt.*
- ☐ *Das Gespräch endet erst, wenn Sie außer Sichtweite sind.*

Das Wichtigste in Kürze

- Jedes Vorstellungsgespräch besteht aus fünf typischen Gesprächsphasen. Diese zu kennen hilft enorm bei der Vorbereitung. Natürlich kann der Ablauf des Interviews in einzelnen Punkten variieren.
- Nutzen Sie den Small Talk zu Beginn, um die Atmosphäre aufzulockern, aber auch um Gemeinsamkeiten mit den Anwesenden zu finden und zu betonen. Ganz wichtig: Immer lächeln, immer Blickkontakt halten!
- Bereiten Sie eine kurzweilige Selbstpräsentation vor. Beten Sie dabei aber nicht den Lebenslauf nach, sondern stellen Sie eine Verbindung zur angestrebten Stelle her. Bewährt hat sich die Aufbau-Formel: „Ich bin – ich kann – ich will".
- Wenn sich das Unternehmen vorstellt, hören Sie unbedingt aufmerksam zu und machen Sie sich Notizen. Die helfen später bei den Rückfragen.
- Rechnen Sie mit kritischen Fragen der Personaler zu Ihrem Werdegang. Diese sind längst nicht so böse gemeint, wie sie manchmal klingen. Stressfragen wollen Sie aus der Reserve locken und sind eigentlich ein Kompliment: Fachlich überzeugen Sie längst, jetzt will man prüfen, ob es auch menschlich passt.
- Werden Ihnen die Fragen zu intim oder gar illegal, haben Sie unterschiedliche Möglichkeiten, darauf zu reagieren. Das Beste ist aber, stets die Ruhe zu bewahren und selbstbewusst Grenzen zu setzen.

- In jedem Jobinterview bekommen Sie die Gelegenheit, eigene Fragen zu stellen. Nutzen Sie diese Chance – immer! Clevere Rückfragen geben Ihnen die Gelegenheit, mehr über den Job und dessen Bedingungen zu erfahren. Sie lassen Sie aber auch cleverer aussehen.
- Das Gespräch endet erst mit dem Verlassen des Gebäudes. Achten Sie daher auch auf einen professionellen Abschied. Gut, wenn Sie hierbei noch einmal Ihr Interesse bekräftigen, sich bei allen – namentlich – bedanken und höflich verabschieden. Bleiben Sie bis zum Schluss konzentriert!

Kapitel 4

SONDER-FORMEN

„Entweder wir finden einen Weg oder wir machen einen."

Hannibal

Vorstellungsgespräche sind zwar ein fester Bestandteil im Bewerbungsprozess, aber sie können mit verschiedenen Methoden variiert und individuell gestaltet werden. Variationen des üblichen Ablaufs sind beispielsweise unter folgenden Aspekten möglich:

Dauer

In der Regel dauert das Vorstellungsgespräch 30 bis 60 Minuten. Es kann aber auch anderthalb Stunden und sogar noch länger dauern. Wenn es sich über einen ganzen Tag erstreckt, spricht man eher von einem Assessment-Center oder Auswahltag.

Fragen

Viele Fragen im Vorstellungsgespräch sind allgemein gehalten, etwa die zum Lebenslauf oder zur Motivation. Mit kniffligen Brainteasern oder Stressfragen testen Personaler die Analysestärke, Intelligenz oder Sozialkompetenz der Bewerber. Werden allen Kandidaten dieselben Fragen gestellt, um sie besser miteinander vergleichen zu können, spricht man von einem strukturierten Interview.

Teilnehmer

Die meisten Gespräche finden unter vier Augen mit dem Personaler statt. Teils sitzen den Kandidaten aber auch künftige Kollegen und Vorgesetzte gegenüber, teils gibt es Gruppeninterviews mit mehreren Bewerbern, die alle denselben Job wollen. Achtung: Bei Gruppeninterviews sollten Sie zwar Selbstbewusstsein zeigen, zu großes Konkurrenzverhalten ist aber schädlich, weil es fehlende Teamfähigkeit signalisiert.

Ort

Das klassische Vorstellungsgespräch findet in den Büroräumen des Arbeitgebers statt. Einige Unternehmen durchbrechen dieses Schema bewusst – sie treffen sich mit Bewerbern beispielsweise zum Geschäftsessen oder in der Lobby eines Flughafens oder Hotels. Achtung: Oft ist das ein Verhaltenstest für Führungskräfte und Umgangsformen.

Kommunikationskanal

Nicht jedes Auswahlgespräch wird heute persönlich geführt. Nicht zuletzt seit der Coronapandemie sind Telefon- und Videointerview auf dem Vormarsch. Sie sparen Zeit und Reisekosten, haben aber auch ihre spezifischen Tücken. Deshalb gehe ich auf diese Sonderformen in diesem Kapitel noch ausführlicher ein.

Das Telefoninterview

Das Telefoninterview ist auf dem Vormarsch. Meist wird es als Vorstufe zum eigentlichen Vorstellungsgespräch und als erste Vorauswahl unter den Kandidaten genutzt. Dafür gibt es wirtschaftliche und organisatorische Gründe: Telefoninterviews sparen Unternehmen Zeit und Geld. Als Bewerber sollten Sie also damit rechnen, erst einmal eine Einladung zum telefonischen Vorstellungsgespräch zu erhalten. Das ist ein gutes Zeichen – Ihre Bewerbung hat offensichtlich gefallen –, stellt aber eine neue Herausforderung dar. Am Telefon zu überzeugen ist etwas anderes als im persönlichen Gespräch.

Zunächst die Vorteile für Sie: Ein Telefonat spart auch Ihnen Zeit und Kosten, die Anreise fällt weg und Ihre Nervosität bleibt am Hörer unsichtbar. Ebenso ist die Kleidung weniger wichtig und Spickzettel sind möglich. Demgegenüber stehen die Nachteile: Leider können Sie Ihre Aussagen am Telefon nicht durch Mimik und Körpersprache unterstützen, Ihre Stimme bekommt dafür mehr Gewicht und Ihre Eloquenz wird ausschlaggebend. Wer sich rhetorisch nicht so gut verkaufen kann, hat hier eher das Nachsehen.

Der passende Zeitpunkt

Üblich ist eine Einladung zum Telefoninterview per E-Mail, oft mit Terminvorschlägen, die Sie per E-Mail oder telefonisch bestätigen (siehe Kapitel 1). Wenn Sie den Termin aus guten Gründen verschieben wollen, können Sie wie beim klassischen Vorstellungsgespräch vorgehen und alternative Termine vorschlagen.

Mitunter setzen Personaler allerdings auch auf ein Überraschungsmoment und rufen ohne Ankündigung an. Dann liegt es an Ihnen, ob Sie sich darauf einlassen. Sind Sie vorbereitet, fühlen Sie sich der Herausforderung gewachsen und haben Sie Zeit für ein spontanes Interview? Dann lassen Sie sich auf das Telefonat ein und stellen Sie so Ihre Kompetenz und Selbstsicherheit unter Beweis.

Andernfalls lehnen Sie ab – ohne lange Rechtfertigungen. Entschuldigen Sie sich kurz, dass Sie gerade keine Zeit oder einen anderen wichtigen Termin haben, und schlagen Sie vor, zeitnah einen neuen Termin zu vereinbaren. Bei der Gelegenheit fragen Sie idealerweise nach, wie lange das Gespräch voraussichtlich dauern wird, damit Sie ausreichend Zeit dafür reservieren können. Die Dauer verrät Ihnen wieder etwas darüber, was Sie im Gespräch erwartet:

- ***20 bis 30 Minuten:*** *Meist geht es nur um Basisinformationen zu Ihrer Person, Rückfragen zum Lebenslauf und zu eventuellen Lücken, die geklärt werden sollen.*

- ***bis zu 1 Stunde:** Rechnen Sie mit tiefergehenden Fragen und bereiten Sie sich wie auf ein umfassendes Vorstellungsgespräch vor.*

Ablauf

Generell ähnelt der Ablauf des Telefoninterviews dem im persönlichen Vorstellungsgespräch. Auch hierbei gibt es eine Begrüßung und Selbstpräsentation, Fragen und Informationen, Rückfragen und Verabschiedung. Bei internationalen Konzernen wechselt der Interviewer auch schon mal ins Englische. Er wird Sie in der Regel vorher darauf hinweisen. Trotzdem: Unbedingt ruhig bleiben und mitmachen! Und wie im persönlichen Gespräch sollten Sie auch hier unbedingt die Gelegenheit zu Rückfragen nutzen. Mit der Verabschiedung folgt meist der Hinweis auf das weitere Vorgehen, zum Beispiel, wann Sie mit einer Rückmeldung rechnen können.

Es ist zwar selbstverständlich, ich erwähne es aber sicherheitshalber trotzdem: Während des Telefonats bitte nichts essen, nichts kauen, nicht rauchen, nicht am Laptop tippen und nicht fernsehen. Handy ausschalten nicht vergessen! Und sollte es auf der anderen Leitung „anklopfen“, ignorieren Sie das natürlich ebenso wie eintrudelnde E-Mails oder Messenger-Nachrichten. Ihre volle Konzentration gilt allein dem Gespräch.

Tipps zur Vorbereitung

Nehmen Sie das Telefoninterview genauso ernst wie ein Gespräch, bei dem Ihnen der Personaler gegenübersitzt. Melden Sie sich in der Bewerbungsphase immer mit vollem Namen, informieren Sie etwaige Mitbewohner oder Familienmitglieder und checken Sie die Ansage auf Ihrem Anrufbeantworter oder Ihrer Mailbox. Unbedingt professionellen Text aufsprechen!

Für das Telefoninterview selbst sollten Sie möglichst ein Festnetztelefon und kein Smartphone nutzen. Oder stellen Sie sicher, dass der Akku aufgeladen und die Verbindung stabil ist. Indem Sie – im doppelten Wortsinn – für eine gute Verbindung sorgen, unterstreichen Sie Ihre Gewissenhaftigkeit und Sorgfalt.

Der folgende Tipp klingt skurril, zumal ich weiter oben noch geschrieben habe, dass es nicht auf die Kleidung ankommt. Und doch: Psychologisch ist erwiesen, dass Kleidung unser Verhalten beeinflusst. Daher empfehle ich meinen Coachees regelmäßig, sich auch für das Telefoninterview so anzuziehen, als würden Sie zu einem Vorstellungsgespräch vor Ort gehen. Vielleicht erhöht sich dadurch kurzfristig das Lampenfieber, aber Sie werden sich auch professioneller verhalten – und das wird man der Stimme anhören.

Apropos Akustik: Suchen Sie sich für das Telefoninterview einen ruhigen Raum. Hintergrundlärm, Sprechgeräusche, Kinderlärm, eine viel befahrene Straße – all das stört Ihre Konzentration und die Klangqualität für den Zuhörer am anderen Ende der Leitung.

Überdies gilt sogar am Telefon: Immer lächeln – das hört man! Achten Sie ebenfalls auf eine deutliche und ruhige Sprechweise. Regulieren Sie Atmung, Lautstärke und vor allem das Tempo – nervöse Menschen sprechen gern zu schnell. Was immer hilft: Stellen Sie sich hin und stehen Sie fest auf beiden Beinen. Dabei tief in den Bauch atmen, die Brustatmung allein ist zu flach. So sprechen Sie automatisch langsamer, tiefer, deutlicher. Ihre Sätze selbst sollten Sie kurz und knapp halten und Relevantes auf den Punkt bringen. Viele geraten aus lauter Nervosität in einen unkontrollierten Redefluss und texten ihr Gegenüber zu. Falsch! Überzeugender wirkt, wer in vier bis fünf Sätzen prägnant beantwortet, wonach der Personaler gefragt hat. Kurze Pausen im Gespräch gehören übrigens dazu. Nutzen Sie die Sekunden, um Ihre Gedanken zu sammeln und Gesagtes zu bedenken. Bloß nicht versuchen, die Stille zuzutexten!

Auch sollten Sie am Telefon nicht in umgangssprachlichen oder regionalen Jargon verfallen – das ist in allen Bewerbungsgesprächen unangebracht, wie Studien zeigen. Auch Füllwörter wie „äh" oder „öhm" sollten Sie vermeiden. Und fallen Sie dem Interviewer bitte niemals ins Wort und lassen Sie ihn ausreden. Das ist nicht nur ein Gebot der Höflichkeit: Wer zu forsch agiert, landet im Aus.

Checkliste Telefoninterview

Damit Sie an alles denken, finden Sie hier wieder eine Checkliste der wichtigsten Grundregeln speziell für das Telefoninterview:

- ☐ *Störquellen ausschalten*
- ☐ *Unterlagen ausbreiten*
- ☐ *Wasser bereitstellen*
- ☐ *Rückfragen vorbereiten*
- ☐ *Notizen machen*
- ☐ *Ausreden lassen*
- ☐ *Lächeln*
- ☐ *Höflich verabschieden*

Das Videointerview

Videointerviews haben unter Pandemiebedingungen an Bedeutung gewonnen und werden nun immer häufiger geführt. Ein digitales Vorstellungsgespräch stellt alle Teilnehmer vor neue technische und inhaltliche Herausforderungen. Als Bewerber sitzen Sie Ihrem Gesprächspartner nicht direkt gegenüber, sondern zu Hause an Ihrem Computer, Laptop oder auch Tablet. Ob Sie sich aus Kiel für einen Job in München bewerben oder gerade in einem anderen Land sind: Das Videointerview überbrückt räumliche Distanzen, bevor ein persönliches Kennenlernen erfolgt.

Wer aktuell auf Jobsuche ist, sollte damit rechnen, dass ein Videointerview geführt wird. Mit der Einladung dazu erhalten Sie in der Regel einen Link sowie die Daten, mit denen Sie sich später einloggen. Üblich sind Videointerviews inzwischen über Apps wie Zoom, Microsoft Teams, Google Meet, GoToMeeting oder Skype. Falls die Dauer des Videointerviews nicht schon in der Einladung angegeben wurde, können Sie telefonisch oder per E-Mail danach fragen. Das hilft – wie beim Telefoninterview –, die Inhalte besser einzuschätzen.

Videointerview vorbereiten

Vor dem Videocall gelten dieselben Grundregeln der Vorbereitung wie vor jedem anderen Vorstellungsgespräch auch: Sie recherchieren wieder alle Hintergründe zum Unternehmen und zur Stelle, üben die Selbstpräsentation und achten auf Ihre Körpersprache – speziell die vor der Kamera. Denn hier ist meist nur der Oberkörper zu sehen. Gesten werden somit bedeutsamer. Es ist ein kleiner Trick, wenn Sie sich Ihre Unterlagen rund um den Bildschirm als Spickzettel bereitlegen oder dort Post-its mit wichtigen Stichworten platzieren. Die sieht kein Mensch – aber Sie vergessen auch nichts. Profis kleben sich sogar ein Post-it mit einem Smiley direkt neben die Kamera. So vergessen sie das Lächeln nicht.

Etwas Maske darf sein

Ein glänzendes Gesicht sieht immer speckig und unschön aus. Puder hilft. Wer keines hat, kann sein Gesicht aber genauso vorsichtig mit einem Papiertuch abtupfen. Das mattiert ebenfalls. Zweiter Tipp: Finden Sie im Vorfeld heraus, welche Gesichtshälfte besser wirkt – jeder Mensch hat eine Schokoladenseite. Anschließend platzieren Sie die Kamera so, dass diese Seite optimal zur Geltung kommt.

Denken Sie ebenfalls daran, rechtzeitig startklar zu sein und ein Glas Wasser bereitzustellen. Letzteres sorgt für eine „geölte" Stimme und Pünktlichkeit ist bei digitalen Interviews ein absolutes Muss. Der Verkehr als Ausrede für Verspätungen fällt schließlich weg. Sitzen zudem Kleidung und Frisur? Dann sind Sie fast startklar. Achten Sie bitte nur noch auf diese für Videos besonders wichtigen Punkte:

Technik

Funktionierende Technik ist die Grundvoraussetzung für ein gutes Videointerview. Technische Probleme während des Gesprächs sorgen bei allen Beteiligten für Frust. Prüfen Sie daher rechtzeitig die Funktionen von Webcam, Mikrofon und LAN- oder WLAN-Verbindung, etwa bei einem Testgespräch mit einem Freund. Die Qualität der Internetverbindung erhöhen Sie, indem Sie alle anderen Programme oder Downloads für die Dauer des Videogesprächs schließen oder pausieren. Falls mehrere Personen im heimischen WLAN surfen, bitten Sie diese, so lange offline zu gehen.

Headset

Ein Headset verhindert störende Echos und verbessert die Klangqualität. Ihr Gesprächspartner wird es Ihnen danken und Sie besser verstehen. Falls Sie ein kabelloses Bluetooth-Headset nutzen, achten Sie unbedingt darauf, dass die Akkus geladen sind und die Bluetooth-Verbindung funktioniert. Halten Sie für den Notfall einen Kopfhörer mit Kabel bereit, den Sie schnell einstöpseln können. Achtung: Große Ohrringe können am Headset unangenehm klappern. Nehmen Sie diese besser vorher raus.

Ruhe

Sorgen Sie unbedingt für Ruhe und schalten Sie alle Störquellen aus. Denken Sie dabei an das zweite Telefon oder Handy, außerdem an offene Türen oder Fenster, die Straßenlärm, Rufe oder andere unerwünschte Hintergrundgeräusche und Unterbrechungen hereinlassen. Auch sollten Ihre Mitbewohner informiert sein, damit diese nicht plötzlich durchs Bild laufen.

Licht

Das perfekte Licht sollte nicht direkt von hinten oder von vorne kommen, sondern leicht von der Seite. Selbst gute Webcams kommen mit Gegenlicht (zum Beispiel einem Fenster im Rücken) nur schwer zurecht. Ähnliches gilt für eine mangelhafte Beleuchtung oder starke Kontraste. Eine falsche Beleuchtung kann Sie wie ein Zombie aussehen lassen oder zu hässlichen Reflexionen in Brillengläsern führen. Achten Sie daher darauf, dass Ihr Gesicht gleichmäßig und schattenfrei ausgeleuchtet ist. Wer das nötige Equipment besitzt (passende LED-Studioleuchten gibt es schon ab 80 Euro), sollte die sogenannte 3-Punkt-Beleuchtung nutzen. Dabei ist das Hauptlicht (Keylight) auf Sie gerichtet, ein Effektlicht minimiert Schatten und eine dritte Lichtquelle reduziert die Schatten im Hintergrund und lässt diesen mehr strahlen.

Hintergrund

Der Hintergrund sollte möglichst neutral sein und mit Ihrer Kleidung harmonieren. Unruhige Wände, schrille Bilder oder Ferienfotos sowie unaufgeräumte Regale hinterlassen keinen guten Eindruck und lenken zu stark ab. Dasselbe gilt für Bücherregale: Buchtitel wie „Nieten in Nadelstreifen“ oder „Tipps, wie Sie weniger arbeiten“ könnten gelinde gesagt irritieren.

Bildausschnitt

Schauen Sie sich im Vorfeld an, wie Sie von der Kamera eingefangen werden. Stimmt der Ausschnitt? Sind Sie groß und klar zu erkennen? Idealerweise steht die Kamera leicht erhöht vor Ihnen – das reduziert ein mögliches Doppelkinn. Als Stativ für den Laptop funktioniert übrigens auch ein Bügelbrett. Am Ende sollten Ihre Augen im oberen Bilddrittel liegen. Prüfen Sie, ob das Gesicht gut ausgeleuchtet ist und es keine hässlichen Schatten unter den Augen oder im Hintergrund gibt.

Blicken Sie in die Kamera!

Blickkontakt ist wichtig und im persönlichen Gespräch leicht umzusetzen. Um ihn beim Videointerview zu halten, schauen Sie bitte direkt in die Kamera – nicht auf den Bildschirm! Wenn Sie Ihren Blick auf den Bildschirm und damit unter die Kamera richten, wirkt es für Ihren Gesprächspartner so, als würden Sie knapp an ihm vorbei oder, schlimmer, auf ihn herabschauen.

Online-Profil
Werden für das Videointerview Programme wie Zoom oder Teams genutzt, sollten Sie im Vorfeld Ihr dortiges Profil überprüfen. Haben Sie einen angemessenen Namen gewählt? Wenn Sie sich in das Videointerview einwählen, sollten Ihr Vor- und Nachname angezeigt werden – möglichst ohne weitere Zusätze. Auch die Beschreibung im Profil und das Standbildfoto sollten professionell gewählt sein.

Trotz all dieser Tipps und gründlicher Vorbereitung kann es zu Pannen kommen: Die Technik spielt Ihnen einen Streich, die Verbindung hängt, Sie verhaspeln sich … passiert. Wichtig in dieser Situation: Behalten Sie stets die Ruhe. Entschuldigen Sie sich für eine Panne, die Sie verursacht haben, und fragen Sie Ihr Gegenüber, ob das Videointerview trotzdem weitergeht. In den meisten Fällen ist das kein Problem. Stresstest bestanden – the Show must go on!

Zeitversetztes Videointerview

Bei dieser Sonderform in der Sonderform gibt es keinen direkten Gesprächspartner und keinen unmittelbaren Austausch. Das zeitversetzte Videointerview ähnelt einem Pingpongspiel: Bewerber loggen sich über einen Link mit einem Passwort auf einer Plattform ein. Dort werden ihnen die Fragen des Personalers als Video vorgespielt. Anschließend nehmen die Kandidaten ihre Antworten mit der Webcam auf und laden diese hoch.

Der Vorteil eines zeitversetzten Interviews: Anders als im persönlichen Gespräch bleibt Bewerbern mehr als ein paar Sekunden Bedenkzeit für das Formulieren der Antwort. Meist sind es zwei bis fünf Minuten, die verbleibende Zeit wird angezeigt. Überhaupt gibt es keinen festgelegten Zeitpunkt für das zeitversetzte Gespräch, sondern nur einen vorgegebenen Zeitraum – beispielsweise eine Woche, in der alle Fragen beantwortet werden müssen. Die Personaler können sich die Ergebnisse dann ebenfalls zeitversetzt ansehen und mit denen der anderen Kandidaten vergleichen. Ob und wie es im Auswahlverfahren weitergeht, erfahren Bewerber wie bei anderen Methoden auch erst ganz am Ende des Prozesses.

Das Assessment-Center

Die Einladung zum Assessment-Center – kurz: AC – erhalten meist Trainees oder Führungskräfte. Das Auswahlverfahren ist hart und soll Teilnehmende auf Herz und Nieren prüfen – in Rollenspielen, Gruppendiskussionen und verschiedenen Übungen. Der englische Begriff „Assessment“ bedeutet übersetzt Bewertung, Einschätzung oder Feststellung. Arbeitgeber sprechen mitunter auch von einem Bewerbertag, Auswahlseminar oder Testverfahren.

Assessment-Center dienen vorrangig zur Personalauswahl, Konzerne unterstützen damit auch die Personalentwicklung. Tests dafür werden entweder vom Unternehmen selbst entwickelt und durchgeführt oder mit Unterstützung von externen Beratern. Die Beurteilung der Kandidaten erfolgt einzeln oder in Gruppen. Davon unabhängig geht es immer um eine Kombination aus verschiedenen Übungen, Präsentationen, Plan- beziehungsweise Rollenspielen und Auswahlgesprächen.

Ein Assessment-Center kann aus mehreren Runden bestehen und bis zu drei Tage dauern. Stellen Sie sich unbedingt darauf ein und nehmen Sie sich entsprechend viel Zeit zur Vorbereitung. Die Gestaltung und Durchführung orientiert sich an den Erwartungen und Bedürfnissen des Unternehmens und der zu besetzenden Stelle. Dennoch lässt sich beim Ablauf ein wiederkehrendes Muster mit vier Phasen erkennen.

Die 4 Phasen des Assessment-Centers

Phase 1: Selbstpräsentation

- *Bisheriger beruflicher Werdegang*
- *Wesentliche Meilensteine und Erfolge*
- *Stärken mit Bezug zur Stelle*

Phase 2: Übungen

- *Postkorbübung*
- *Intelligenztest/Konzentrationstests*
- *Präsentation halten*
- *Einzelinterview*

Phase 3: Rollenspiele

- *Fallstudie lösen/Fact-Finding-Übung*
- *Gruppendiskussion*
- *Sozialkompetenz und Durchsetzungsstärke*

Phase 4: Feedback

- *Frage nach der Selbsteinschätzung*
- *Rückmeldung der Beobachter*
- *Abschließende Beurteilung*

Anhand dieses Schemas können Sie sich gezielt auf die unterschiedlichen Übungen und Aufgaben eines Assessment-Centers vorbereiten.

Assessment-Center vorbereiten

Mit gründlicher Vorbereitung reduzieren Sie nicht nur die typische Prüfungsangst, Sie werden auch in den jeweiligen Tests besser abschneiden. Konzentrieren Sie sich zunächst auf den äußeren Rahmen. Mit dem Einladungsschreiben erhalten Sie meist schon Informationen zum Ablauf.

Sammeln Sie zunächst aktuelle Informationen zum Unternehmen und dessen Tätigkeitsfeldern. Wichtige Zahlen, beispielsweise Gründungsjahr und Anzahl der Mitarbeiter, sollten Sie aus dem Stegreif nennen können. Setzen Sie sich genauer mit den Anforderungen der angestrebten Position auseinander: Mit welchen Kompetenzen können Sie punkten? Wonach könnte man Sie fragen? Welche Stationen im Lebenslauf sind für die Position relevant?

Halten Sie sich aber auch auf dem Laufenden über aktuelle Entwicklungen in Politik und Wirtschaft, ebenso über Veränderungen in der Branche. Danach wird gern gefragt oder es ist Teil einer Fallstudie und Analyseaufgabe im Assessment-Center. Gehen Sie den in der Einladung beschriebenen Ablauf genau durch und antizipieren Sie mögliche Aufgaben.

Typische Aufgaben und Übungen

Im Assessment-Center möchte sich das Unternehmen ein umfassendes Bild von Ihren Soft und Hard Skills machen. Wie arbeiten und denken Sie? Wie kreativ sind Sie? Wie selbstbewusst und durchsetzungsfähig sind Sie? Wie gehen Sie mit Kollegen um? Wie verhalten Sie sich, wenn Probleme auftreten? Dies und mehr soll durch spezielle Aufgaben und Übungen herausgefunden werden, die Sie auf die Probe stellen. Mal geht es um die Zusammenarbeit im Team, mal müssen Sie sich als Einzelperson profilieren. Hier sind die acht wichtigsten Übungen und wie Sie sich darauf vorbereiten.

1. Die Selbstpräsentation

- ***Art der Übung:*** *Einzelaufgabe für einen Teilnehmer*
- ***Durchschnittliche Dauer:*** *5 bis 10 Minuten*
- ***Vorbereitungszeit im AC:*** *keine oder nur wenige Minuten; Vorbereitung erfolgt zu Hause*
- ***Fähigkeiten im Fokus:*** *erster Eindruck, Selbstbewusstsein, Motivation, Authentizität, Kommunikationsstärke*
- ***Häufigkeit im AC:*** *immer*
- ***Tipps zur Vorbereitung:*** *Stärken und Schwächen analysieren, Werdegang zusammenfassen, Motivation auf das Unternehmen beziehen, üben!*

Wer in der Selbstpräsentation überzeugend auftritt, kann entscheidende Sympathiepunkte sammeln. Stellen Sie hierbei immer einen Bezug zur ausgeschriebenen Stelle und zum Unternehmen her und platzieren Sie Ihre persönlichen Stärken und Erfolge im Vortrag. Als Einstieg oder als Höhepunkt zum Schluss – beides wirkt. Rückfragen der Prüfer zu Schwächen sind üblich, also nicht überrascht sein und nicht verunsichern lassen!

Überlegen Sie auch, welche Aufgaben Ihnen schwerfallen. Was tun Sie, um Schwächen in den Griff zu bekommen? Souveräne Antworten auf solche und ähnliche Fragen bringen Ihnen weitere Pluspunkte. In dieser Übung werden zudem Umgangsformen und Körpersprache bewertet: Steht oder sitzt der Kandidat selbstbewusst da? Sucht er oder sie den Blickkontakt zu Teilnehmern und Beobachtern? Zeigt er oder sie nervöse Ticks wie Fingerklopfen oder Spielen mit Stiften? Wer sich als Fachkraft bewirbt, muss zudem mit Fragen zu bisherigen Projekten, Problemen und Erfolgen rechnen.

2. Die Postkorbübung

- ***Art der Übung:*** *Einzelaufgabe für einen Teilnehmer*
- ***Durchschnittliche Dauer:*** *20 bis 60 Minuten*
- ***Vorbereitungszeit im AC:*** *keine*
- ***Fähigkeiten im Fokus:*** *Prioritäten setzen, Delegieren, Stressresistenz, Organisationsfähigkeit, Entscheidungsfindung, Problemlösungskompetenz, Konzentration*
- ***Häufigkeit im AC:*** *sehr häufig*
- ***Tipps zur Vorbereitung:*** *Eisenhower-Matrix verinnerlichen, Informationsaufnahme trainieren, beispielhafte Aufgaben lösen*

Die Postkorbübung gilt als beliebter Klassiker unter den AC-Übungen. Eine Arbeitssituation wird simuliert, um die Organisations- und Entscheidungsfähigkeit unter Zeitdruck zu testen.

Die Übung wirkt simpel: Sie erhalten einen „Postkorb“ mit Terminen, Notizen, Nachrichten, E-Mails und To-dos. Dazu kommt ein zeitlicher Rahmen, innerhalb dessen Sie alle Informationen verarbeiten und entscheiden sollen, wie Sie mit jeder einzelnen Aufgabe verfahren: sofort bearbeiten, delegieren oder auf einen späteren Zeitpunkt verschieben.

Das Gemeine daran: Die Zeit reicht nie, zumal jedes Dokument an bestimmte Bedingungen geknüpft ist. Erschwert wird die Übung, weil sich vieles überschneidet oder sogar widerspricht. Für noch mehr Druck sorgen Prüfer, indem sie kurzfristig weitere Dokumente zur Bearbeitung hinzufügen oder einen wichtigen Anruf simulieren, der weitere wertvolle Zeit kostet. Nach Ablauf der Zeitvorgabe ist die Übung nicht beendet: Im abschließenden Gespräch sollen Sie erklären, wieso Sie Ihre Entscheidungen so und nicht anders getroffen haben.

3. Das Rollenspiel

- ***Art der Übung:*** *Gruppenaufgabe, 2 bis 4 Teilnehmer*
- ***Durchschnittliche Dauer:*** *15 bis 30 Minuten*
- ***Vorbereitungszeit im AC:*** *5 bis 15 Minuten*
- ***Fähigkeiten im Fokus:*** *Stressresistenz, Kommunikationsfähigkeit, Konfliktfähigkeit, Führungskompetenz, Entscheidungsfindung*
- ***Häufigkeit im AC:*** *häufig*
- ***Tipps zur Vorbereitung:*** *schlüssige Argumentation üben, mit Freunden trainieren, Stresssituationen proben*

Bei dieser Übung wird eine bestimmte Situation mit Kollegen, Mitarbeitern oder Kunden nachgestellt. Das kann ein Kundengespräch sein, bei dem der Kunde unzufrieden ist, oder ein Mitarbeitergespräch, in dem es um unangenehme Themen geht. Mit dem Rollenspiel werden in erster Linie soziale Kompetenzen geprüft, vornehmlich Einfühlungsvermögen, Konfliktfähigkeit, Kompromissbereitschaft und Überzeugungskraft.

Welche Situation simuliert wird, hängt von der angestrebten Position ab. Führungskräfte werden mit Mitarbeitern sprechen, Salesmanager und Vertriebsleiter mit potenziellen Kunden. Die konkreten Aufgaben variieren vom Üben konstruktiver Kritik über Feedback zum Ansprechen von Problemen und vielem mehr. Wichtig ist, Verhältnis und Hierarchie im fiktiven Gespräch zu berücksichtigen und entsprechend zu agieren.

4. Die Präsentation

- ***Art der Übung:*** *Einzelaufgabe für einen Teilnehmer*
- ***Durchschnittliche Dauer:*** *10 bis 30 Minuten*
- ***Vorbereitungszeit im AC:*** *10 bis 20 Minuten*
- ***Fähigkeiten im Fokus:*** *Präsentationstechniken, Informationsaufbereitung, Kommunikationsstärke, Stressresistenz, problemorientiertes Denken*
- ***Häufigkeit im AC:*** *häufig*
- ***Tipps zur Vorbereitung:*** *Wissen über Unternehmensbereiche, tagesaktuelle Themen verfolgen, Vorträge vor Freunden üben*

In dieser Übung erhalten Sie ein Thema aus dem beruflichen Umfeld mit zugehöriger Fragestellung, zu der Sie nach etwas Vorbereitungszeit einen kurzen Vortrag halten müssen. Beliebt sind aktuelle Themen aus Wirtschaft oder Politik oder aus einem Bereich, der zum künftigen Arbeitsgebiet gehört.

Zentral dabei ist, dass Sie sich auf Fakten beziehen und Ihre Argumentation trotz der knapp bemessenen Zeit sachlich und analytisch aufbauen. Kritische Rückfragen der Prüfer, teils per Zwischenruf, gehören dazu. Stellen Sie sich darauf ein, Einwände zu parieren.

5. Die Fallstudie

- ***Art der Übung:*** *Einzel- oder Gruppenaufgabe*
- ***Durchschnittliche Dauer:*** *15 bis 30 Minuten*
- ***Vorbereitungszeit im AC:*** *keine oder nur kurzes Einlesen*
- ***Fähigkeiten im Fokus:*** *Belastbarkeit, analytisches Denken, Auffassungsgabe, Fachwissen, Präsentationsfähigkeit*
- ***Häufigkeit im AC:*** *sehr häufig*
- ***Tipps zur Vorbereitung:*** *über das Unternehmen informieren, Branchenkenntnisse erweitern, Fachwissen auffrischen*

Einzeln oder als Gruppe erhalten Sie einen konkreten Fall aus dem Unternehmenskontext mit entsprechendem Material, im Anschluss soll eine Lösung präsentiert werden. Bei den praxisnahen Aufgaben stehen Fachwissen und Kompetenz auf dem Prüfstand. Überdies geht es um die Problemlösungskompetenz. Sie sollen zeigen, dass Sie analytisch sowie strategisch denken und die Zielsetzung im Auge behalten. Bei Gruppenarbeit wird zudem beobachtet, welche Rolle Sie innerhalb des Teams übernehmen und wie Sie mit anderen umgehen. In abschließenden Fragen wird Ihr Vorgehen hinterfragt.

6. Die Fact-Finding-Übung

- ***Art der Übung:*** *Einzelaufgabe für einen Teilnehmer*
- ***Durchschnittliche Dauer:*** *15 bis 30 Minuten*
- ***Vorbereitungszeit im AC:*** *keine oder nur kurzes Einlesen*
- ***Fähigkeiten im Fokus:*** *Führungskompetenz, analytisches Denken, strategisches Vorgehen, Problemlösungskompetenz, Ergebnisorientierung, unternehmerisches Denken*
- ***Häufigkeit im AC:*** *gelegentlich*
- ***Tipps zur Vorbereitung:*** *Übungsaufgaben lösen, systematische Fragetechniken lernen, Nach- und Rückfragen üben, Konzepte erstellen*

In dieser Variation der Fallstudie erhalten Sie keine vollständigen Informationen, sondern bringen relevante Fakten selbst in Erfahrung. Dafür gibt es einen Partner, der als Auskunftgeber oder Experte fungiert. Ihre Aufgabe ist es, durch geschicktes

Fragen an die wichtigen Informationen zu kommen und damit an die Ursachen des Problems.

Am wichtigsten ist das durchdachte Vorgehen bei der Befragung. Aus den Erkenntnissen leiten Sie unmittelbar Lösungsvorschläge ab oder entwickeln eine Strategie. Beurteilt werden Ihre Fragetechnik, die Systematik des Vorgehens und welche Schlüsse Sie aus den Informationen für eine wirksame Strategie ziehen.

7. Die Gruppendiskussion

- ***Art der Übung:*** *Gruppenaufgabe*
- ***Durchschnittliche Dauer:*** *15 bis 45 Minuten*
- ***Vorbereitungszeit im AC:*** *15 bis 30 Minuten*
- ***Fähigkeiten im Fokus:*** *Kommunikationsfähigkeit, soziale Kompetenz, Durchsetzungsfähigkeit, Teamfähigkeit, Führungskompetenz, analytisches Denken, logisches Argumentieren*
- ***Häufigkeit im AC:*** *sehr häufig*
- ***Tipps zur Vorbereitung:*** *tagesaktuelle Themen verfolgen, Branchenkenntnisse auffrischen, Diskussionen und Dialoge trainieren, eigene Meinungen vertreten, auf Körpersprache achten*

Ein vorgegebenes Thema wird kontrovers diskutiert, beispielsweise eine These, die aus verschiedenen Perspektiven beleuchtet werden soll. Was im Vergleich zu anderen AC-Übungen einfach klingt, hat es in sich: Sie diskutieren mit direkten Konkurrenten um den Job! Der Wettbewerb ist in keiner anderen Übung so groß.

Zunächst sollten Sie genau wissen, worum es geht. Im zweiten Schritt legen Sie Ihre Meinung fest und vertreten Ihren Standpunkt mit durchdachten Argumenten. Entscheidend ist außerdem, wie Sie auftreten und sich verhalten: zurückhaltend, forsch, direkt? Getestet werden Ihre Rhetorik, Überzeugungskraft und Kooperationsbereitschaft.

8. Das Einzelinterview

- ***Art der Übung:*** *Einzelaufgabe für einen Teilnehmer*
- ***Durchschnittliche Dauer:*** *bis zu 60 Minuten*
- ***Vorbereitungszeit im AC:*** *keine*
- ***Fähigkeiten im Fokus:*** *Motivation, Fachwissen, Stärken und Schwächen, bisherige Übungen im AC*
- ***Häufigkeit im AC:*** *immer*
- ***Tipps zur Vorbereitung:*** *Motivation für den Job klären, über Arbeitgeber informieren, Stärken und Schwächen analysieren, Fachwissen und Expertise präsentieren. auf typische Fragen vorbereiten*

Fast immer schließt ein ausführliches Einzelinterview das Assessment-Center ab. Dabei sitzen Sie einem oder mehreren Gesprächspartnern gegenüber und lassen den Tag Revue passieren. Diese Übung ist vergleichbar mit einem Vorstellungsgespräch.

Am Anfang geht es um Ihre Selbsteinschätzung. Schildern Sie selbstkritisch, wie die Übungen gelaufen sind. Selbstbewusstsein ist wichtig, aber plumpes Eigenlob hinterlässt keinen guten Eindruck. Nutzen Sie die Chance, um eine vielleicht missglückte Übung geradezurücken, oder ergänzen Sie einen Aspekt, der vorher zu kurz gekommen ist. Seien Sie darauf gefasst, dass auch die Gesprächspartner Feedback geben.

Gehen Sie auch auf Ihre Motivation für den Job ein. Fühlen Sie sich immer noch den Herausforderungen gewachsen? Was reizt Sie daran besonders? Rechnen Sie mit kritischen Rückfragen. Gerade in höheren Positionen kann es vorkommen, dass Sie mehrere Gespräche führen müssen, die unterschiedliche Aspekte abdecken.

Typische Fehler

Der Grat zwischen richtiger Einstellung und Versagen ist im Assessment-Center schmal. Vermeiden Sie besonders diese Fehler:

Fehlende Spontaneität

Klammern Sie sich nicht zu sehr an eine vorbereitete Strategie. Fehlende Spontaneität hat Folgen: Sie reagieren zu wenig auf die Gegebenheiten vor Ort, stehen sich selbst im Weg und lassen wichtige Chancen ungenutzt.

Zu viele Erwartungen

Je genauer Ihre Vorstellungen sind, desto eher scheitern Sie. Das merken auch die Personaler. Lassen Sie sich selbst also genug „Spielraum" – im Wortsinn.

Konkurrenzdenken

Wenn Sie die Konkurrenten als Feinde wahrnehmen und sich ständig vergleichen, schaden Sie sich nur selbst. Meist geht es bei den Übungen darum, im Team zu agieren.

Vermiedene Schwächen

Versuchen Sie bitte nie, Ihre Schwächen krampfhaft zu verstecken. Jeder Mensch hat welche. Zeigen Sie, dass Sie damit konstruktiv umgehen – zum Beispiel, indem Sie die Stärken der anderen nutzen.

Wechselnde Standpunkte

Oft werden ähnliche Gespräche sowohl unter vier Augen als auch in der Gruppe geführt. Unterscheiden sich Ihre Aussagen dabei deutlich, wirft das kein gutes Licht auf Sie. Vertreten Sie Ihre Standpunkte konsequent, sonst sind Sie unglaubwürdig.

Üble Nachrede

Lästereien sind generell tabu. Schlecht über andere zu reden verschafft keinen Vorteil. Im Gegenteil: Solche Aktionen erweisen sich immer als Bumerang und reduzieren Ihre Chancen deutlich.

Unklarer Weg

Im Assessment-Center geht es nicht immer darum, eine Aufgabe wirklich zu beenden. Der Weg dorthin kann in der Simulation viel interessanter sein. Erst im echten Job kommt es ganz auf das richtige Handwerkszeug an.

Eigenbrötlerei

Auf Stärken zu fokussieren bedeutet nicht, egozentrisch zu arbeiten. Einzelkämpfer sucht kein Unternehmen, Teamarbeit gewinnt. Arbeiten Sie unbedingt mit anderen zusammen – nicht nur zum Schein!

Online-Assessment

Online-Assessment-Center – auch E-Assessments genannt – werden bei Unternehmen immer beliebter, vor allem bei der Vorauswahl. Sie unterscheiden sich vom herkömmlichem AC insofern, als klassische Rollenspiele oder Gruppenübungen wegfallen. Stattdessen sollten sich Bewerber auf kognitive Testverfahren einstellen. Dazu gehören zum Beispiel Logik- und Konzentrationstests, Tests zum Allgemeinwissen oder Zahlenverständnis sowie Fragen zur Persönlichkeit und Arbeitsweise oder zu den Englischkenntnissen. Oft werden dabei auch Rechtschreibung und Grammatik geprüft.

Im zweiten Teil des Online-Assessments stehen meist Fragen zum Unternehmen oder zur Branche auf dem Programm. Daran schließen sich oft noch praktische Übungen an. Ein Verlag könnte Bewerber beispielsweise bitten, ein Konzept für das Abo-Marketing zu entwickeln.

Teilnehmer können sich auf ein Online-AC in der Regel gut vorbereiten. Üblich ist ein vorgegebener Zeitraum beziehungsweise eine Deadline, bis zu der alle Aufgaben absolviert sein müssen. Dazu erhalten die Bewerber Log-in-Daten sowie grundlegende Informationen zum Ablauf und zum Tool.

Das Online-AC nimmt selten mehr als eine Stunde in Anspruch, eine Dauer bis maximal 120 Minuten ist möglich. Nehmen Sie sich ausreichend Zeit an einem ruhigen Ort mit stabiler Internetverbindung und schalten Sie alle Störquellen aus. Die Zeit für die Aufgaben ist praktisch immer zu knapp bemessen, davon sollten Sie sich so wenig aus der Ruhe bringen lassen wie beim AC vor Ort. Hilfsmittel wie Taschenrechner, Stift und Schreibblock sind im E-Assessment in der Regel erlaubt.

Das Feedback erfolgt nicht sofort im Anschluss, sondern erst ein paar Tage später – verbunden mit einer Absage oder der Einladung zum persönlichen Gespräch.

Das Wichtigste in Kürze

- Neben dem klassischen Jobinterview gibt es auch ein paar Sonderformen, die zunehmend eingesetzt und populär werden.
- Das Telefoninterview dient vielen Personalern als Vorstufe zum klassischen Vorstellungsgespräch, denn es spart Zeit und Kosten. Wichtig ist hierbei, sich nicht „überfallen" zu lassen, sondern einen festen Termin zu vereinbaren und sich genauso gründlich darauf vorzubereiten wie auf das Interview vor Ort.
- Das Videointerview kam mit Corona und wird ebenfalls als Vorgespräch genutzt. Wer dabei überzeugen will, muss einige technische Details beachten – etwa die Kamera, das Licht und den Hintergrund. Generell gilt beim Videointerview aber: Der Ton ist wichtiger als das Bild.
- Dem Assessment-Center müssen sich meist Trainees und Führungskräfte stellen. Es kann zwischen einem bis drei Tage dauern und besteht aus mehreren Übungen und Aufgaben. Gut für Sie: Diese lassen sich größtenteils vorbereiten und üben.

Kapitel 5

VORSTELLUNGSGESPRÄCH RETTEN

„Man kann niemanden überholen, wenn man in seine Fußstapfen tritt."

François Truffaut

Falls das Vorstellungsgespräch trotz aller Vorbereitung mal nicht optimal läuft, brauchen Sie nicht zu verzweifeln. Kaum eine Panne ist so schlimm, dass sie die Chancen auf den Job sofort auf null reduziert. Personaler wissen, dass Sie aufgeregt sind – das zeigt ja auch, dass Sie den Job wirklich wollen. Wenn Sie jetzt angemessen reagieren, beeindrucken Sie vielleicht mehr als mit perfekten Antworten.

Die 11 schlimmsten Fehler

Stellen Sie sich das Vorstellungsgespräch als ein Formel-1-Rennen vor: Erst müssen Sie sich in eine gute Ausgangsposition bringen, dann auf der langen Gerade Vollgas geben, Schikanen und Fangfragen überstehen, um schließlich als Erster über die Ziellinie zu brettern und den Pokal in Form des Arbeitsvertrags in Händen halten zu können. Unterwegs werden unzählige rote, gelbe oder weiße Flaggen geschwenkt. Obwohl jeder Personaler andere Vorstellungen von einem perfekten Bewerber hat, gibt es einige Manöver, auf die fast alle mindestens mit hochgezogenen Augenbrauen reagieren.

Wir haben zahlreiche Personalentscheider und Recruiter dazu befragt. Die folgenden Unsitten stoßen Personalern besonders oft sauer auf.

1. Fehler: Sie erscheinen überpünktlich

Zu spät dürfen Sie natürlich nicht kommen. Aber schlagen Sie ebenso wenig 20 Minuten vor Ihrem Termin am Empfang auf.

Wer zu früh vor Ort erscheint, signalisiert, dass er oder sie reichlich Leerlauf hat oder verzweifelt ist – das ist nicht der Eindruck, den Sie als Jobsuchender vermitteln wollen. Das Café um die Ecke ist ein geeigneter Ort, um ein paar Minuten zu überbrücken.

2. Fehler: Sie sagen gelernten Text auf

Bei aller sinnvollen Vorbereitung: Behalten Sie sich immer etwas Natürlichkeit und Spontaneität. Wenn Sie auf jede denkbare Frage einen Satz aus dem Baukasten parat haben, wirkt das schnell künstlich. Zu viel Perfektionismus schadet Ihrer Glaubwürdigkeit und macht niemand sympathischer. Lassen Sie sich also genügend Spielraum zur Improvisation. Dann menschelt es auch mehr.

3. Fehler: Sie sind zu gesprächig

Eine Prise Small Talk zu Beginn hilft, das Eis zu brechen. Aber: Sie sind im Jobinterview und nicht beim Kaffeekränzchen! Geben Sie nicht zu viel Persönliches von sich preis – das sieht schnell distanzlos und geschwätzig aus. Der Effekt: Man unterstellt Ihnen weniger Kompetenz. Im Interview geht es um den Job und fachliche Inhalte. Bleiben Sie möglichst auf diesem Terrain. Wie schon gesagt: Über ein paar Gemeinsamkeiten oder Hobbys plaudern ist okay, aber nicht zu viel und zu lange.

4. Fehler: Sie verwässern Ihr Profil

Viele Bewerber glauben, viel hilft viel – und erwähnen daher jede Fähigkeit, jede Stärke oder Weiterbildung, die irgendwie relevant sein könnte. Fehler! Erstens werden daraus schnell Listen mit Floskeln vom Typ „Ich bin flexibel, belastbar, teamfähig, motiviert …" Zweitens verwässern sie damit die wirklich starken Argumente. Drei relevante Kompetenzen werden nicht stärker dadurch, dass man ihnen zehn uninteressante zur Seite stellt.

5. Fehler: Sie untertreiben ohne Grund

Bescheidenheit ist eine Zier – weiter kommt man ohne ihr. Mir ist völlig klar, dass vielen Eigenlob unangenehm ist. Das betrifft sogar mehr Frauen als Männer. Aber im Jobinterview hilft Ihnen Understatement und Untertreibung so gar nicht. Natürlich dürfen Sie auch nicht auf der anderen Seite vom Pferd fallen: Selbstbewusstes Auftreten darf nie in Angeberei und Selbstgefälligkeit umschlagen. Trainieren Sie den Mittelweg – und stehen Sie dazu, dass Sie die beste Kandidatin, der beste Kandidat für den Job sind. Deshalb haben Sie sich ja auch beworben!

6. Fehler: Sie stellen keine Fragen

Passivität ist einer der größten Bewerbungskiller überhaupt. Wer nur antwortet, wenn er gefragt wird, kommt nicht weit. Ein Vorstellungsgespräch ist immer ein Dialog auf Augenhöhe, den beide Seiten aktiv gestalten. Nicht nur in der Rückfragenphase, auch mittendrin sollten Sie deshalb immer wieder eigene Nachfragen oder Verständnisfragen stellen und so Ihr aufrichtiges Interesse unterstreichen. Es heißt ja nicht ohne Grund Vorstellungsgespräch und nicht Vorstellungsprüfung.

7. Fehler: Sie stellen überzogene Forderungen

Bleiben Sie bei Ihren Erwartungen, Vorstellungen vom Job und Gehaltsforderungen unbedingt realistisch. Sich unter Wert zu verkaufen wäre naiv – weit darüber allerdings unverschämt und genauso naiv. Indem Sie Ihren Marktwert genau kennen, zeigen Sie Ihre fundierte Vorbereitung und fachliche Kompetenz. Außerdem sollten im ersten Gespräch auch nie das Gehalt oder Zusatzleistungen im Vordergrund stehen. Sie wollen den Job, weil der Sie reizt. Die faire Bezahlung ist zwar selbstverständlich, steht aber nur an zweiter Stelle. Andernfalls degradieren sich Fachkräfte zum Söldner.

8. Fehler: Sie denken nur an sich

Das ist tatsächlich ein Fehler, den viele Kandidatinnen und Kandidaten begehen. Weil die Rede vom „Bewerbermarkt" neuerdings die Runde macht, agieren Sie im Jobinterview komplett ichbezogen: Sie sind nur daran interessiert, was der Arbeitgeber bietet. Dabei bewerben Sie sich doch, um Teil eines bestehenden Teams zu werden, Sie wollen einen Job machen, weil Sie dort Ihre Talente einsetzen und sich persönlich wie beruflich weiterentwickeln können. Erfolgreicher sind im Interview daher immer jene Bewerber, die die Perspektive der Recruiter einnehmen und zeigen, welchen Mehrwert sie mitbringen und wie sie sich einbringen wollen. Der Nutzen für das Unternehmen sollte Priorität haben und gehört ins Rampenlicht – nicht Ihre Vorteile und Forderungen.

9. Fehler: Sie sprechen von „man"

Wer das Wort „man" im Vorstellungsgespräch oft benutzt, wirkt unsicher und distanziert – und bekommt den Job seltener. Kandidaten erscheinen dann so, als würden sie gar nicht über eigene Erfahrungen sprechen, sondern von einer dritten Person. Das ist das Ergebnis einer Studie von Mark Murphy für „Leadership IQ": Abgelehnte Kandidaten verwendeten das Wort „man" fast viermal so oft im Vergleich zu den erfolgreichen Bewerbern. Wesentlich erfolgreicher seien die Pronomen „ich" oder „wir".

10. Fehler: Sie sagen „nicht"

Sie starten Ihre Selbstpräsentation, wollen über Ihre Stärken und Talente sprechen – und beginnen Sie mit einer relativierenden oder bescheidenen Einschränkung: „Also, ich will ja nicht prahlen, aber ..." Stopp! Psychologischen Studien zufolge bewirken solche Einschränkungen das genaue Gegenteil: Der Bewerber erscheint erst recht als Prahlhans. Das liegt unter anderem daran, dass unser Gehirn kein „nicht" interpretieren kann. Ein Beispiel: „Versuchen Sie jetzt, bitte nicht an eine Tasse Kaffee zu denken!" Was passiert? Sie sehen die Tasse erst recht vor Ihrem geistigen Auge. Das erklärt auch, warum Verteidigungsstrategien vom Typ „Das habe ich nicht gesagt!" sinnlos sind. Je öfter Sie betonten, etwas nicht tun zu wollen, desto stärker bleibt die falsche Botschaft im Gedächtnis.

FUN FACT

Das Phänomen wurde erstmals im Jahr 1945 in einer Studie der beiden Psychologen Floyd Allport und

Milton Lepkin untersucht. Die beiden Wissenschaftler fanden heraus, dass Menschen falscher Kriegspropaganda mehr Glauben schenkten, je öfter sie diese hörten. Kurz: Wiederholungen sind mächtiger als die Wahrheit. Das ist auch das Prinzip hinter urbanen Legenden und Fake News: Was die Menschen oft genug hören, halten sie irgendwann für wahr.

11. Fehler: Sie bedanken sich nicht

Beim Abschied kann eigentlich nichts mehr schiefgehen? Doch! Vergessen Sie bitte nie, sich bei der Verabschiedung für die Einladung, das Gespräch und die gute Atmosphäre zu bedanken. Das ist mehr als ein Akt der Höflichkeit. Es drückt vielmehr Wertschätzung und Respekt gegenüber dem Gastgeber aus – unabhängig davon, wie das Gespräch gelaufen ist. Deshalb können Sie mit der Geste am Ende noch einmal ein Highlight setzen. Oder auch nicht, wenn es fehlt.

Woran Sie merken, wie es gelaufen ist

Im ersten Gespräch gibt es selten gleich eine Zusage. Personaler wollen sich die Optionen offenhalten und erst noch andere Kandidaten sichten. Gleichzeitig gibt es verbale und nonverbale Hinweise, mit deren Hilfe sich entschlüsseln lässt, ob das Vorstellungsgespräch aus Sicht des künftigen Arbeitgebers gut gelaufen ist.

9 positive Anzeichen

1. Sie werden nach Ihren Gehaltsvorstellungen gefragt
Läuft alles gut, wird Sie der Personaler nach Ihren Gehaltsvorstellungen fragen. Das tut er oder sie schließlich nur, wenn man Sie einstellen will. Ansonsten wäre die Frage reine Zeitverschwendung.

2. Man fragt Sie nach dem möglichen Einstiegsdatum
Ähnliches gilt für die Frage nach dem frühestmöglichen Eintrittstermin. Spricht der Personaler Sie darauf gezielt an oder fragt sogar, wie schnell Sie anfangen können, scheint er Ihre Mitarbeit schon fest einzuplanen.

3. Sie werden zu weiteren Gesprächen eingeladen
Folgt nach dem ersten Treffen die Einladung zum zweiten Gespräch, sind Sie wieder eine Runde weiter. Glückwunsch! Das ist zwar noch keine Zusage, aber Sie haben sich erneut gegenüber Mitbewerbern durchgesetzt. Im Recall geht es meist darum, den positiven ersten Eindruck zu bestätigen und die Entscheidung für Sie zu festigen. Der neue Job ist also zum Greifen nah.

4. Sie werden gefragt, wie Sie am besten zu erreichen sind
Indirekt bedeutet diese Frage, dass sich Ihr Gesprächspartner zeitnah bei Ihnen melden wird – sonst hätte er nicht danach gefragt. Die Kontaktdaten stehen schließlich auch in Ihren Unterlagen. Fragt ein Personaler ausdrücklich danach, will er die Besetzung schnell in trockene Tücher bringen – eine Absage hätte Zeit. Es ist also ein gutes Zeichen.

5. Die Stimmung ist gut
Die Freundlichkeit eines routinierten Personalers allein ist noch kein valides Indiz für eine Jobzusage. Eine positive Ge-

sprächsatmosphäre, in der Ihnen der Personaler viele Fragen stellt, viel lächelt und interessiert nachhakt, kann aber ein gutes Zeichen sein. Wären Sie bereits raus, würde der Personaler immer einsilbiger werden.

6. Das Gespräch dauert länger als erwartet

Oft finden mehrere Vorstellungsgespräche für einen Job am selben Tag statt. Ein starkes Indiz für gute Chancen ist, wenn gerade Ihr Gespräch länger dauert als geplant. Viele Personaler treffen ihre Entscheidung relativ früh im Gespräch. Je länger das Gespräch dauert, desto interessierter ist man an Ihnen.

7. Sie lernen das gesamte Team kennen

In den meisten Vorstellungsgesprächen beschränkt sich der Kontakt des Bewerbers auf den Personaler und eventuell noch ein oder zwei andere Gesprächsteilnehmer – den späteren Chef zum Beispiel, eine andere Führungskraft oder ein Betriebsratsmitglied. Stellt man Ihnen weitere künftige Kollegen vor oder führt Sie gar in den Räumlichkeiten herum, spricht einiges dafür, dass Sie gute Karten haben.

8. Der Konjunktiv fällt weg

Eine kleine sprachliche Nuance, die ein gutes Zeichen sein kann: „Sie werden das Team in der täglichen Projektarbeit unterstützen" klingt besser als „Sie würden das Team unterstützen". Der Wegfall des Konjunktivs ist ein Indiz dafür, dass der Personaler sich bereits vorstellt, wie Sie die Position ausfüllen.

9. Sie haben ein gutes Bauchgefühl

Zugegeben, das ist ein sehr subjektiver Aspekt – und doch ist das eigene Bauchgefühl häufig zutreffend. Horchen Sie nach dem Gespräch selbstkritisch in sich hinein und spüren Sie möglichst vielen Details nach. Waren Sie überzeugend?

Konnten Sie alle Fragen beantworten? Stimmte die Chemie zwischen allen Anwesenden? Wenn Sie sich selbst gegenüber ehrlich bleiben, lässt der Gesamteindruck auf den weiteren Verlauf schließen.

4 negative Anzeichen

Neben den positiven Indizien, die auf eine Zusage hindeuten, gibt es allerdings auch schlechte Zeichen, die andeuten, dass Sie den Job nicht bekommen werden. Die folgenden Punkte sprechen eher für eine Bewerbungsabsage.

1. Der Personaler hört nur halbherzig zu

Ein solches Verhalten ist zwar weder respektvoll noch professionell. Es ist aber auch ein negativer Indikator. Wirkt der Personaler leicht abgelenkt, begeistern Sie ihn offenbar nicht. Das lässt befürchten, dass Sie den Job nicht bekommen. Die Alarmglocken sollten klingeln, wenn die Körpersprache des Personalers die Warnsignale verstärkt: Er dreht sich öfter um oder schaut aus dem Fenster; er blinzelt selten oder unterbricht Sie oder gähnt gar. Kommen mehrere Signale zusammen, lässt das wenig Gutes hoffen.

2. Ihnen werden keine individuellen Fragen gestellt

Stellt man Ihnen im Gespräch kaum Fragen zu Ihrer Arbeitsweise, ist das nicht gut. Dass die Qualifikationen passen, ergibt sich ja aus dem Lebenslauf. Entsprechend sollte es im Gespräch mehr um das Zwischenmenschliche und den sogenannten Cultural Fit gehen, also ob Sie in die Firma passen. Sucht man aber erst gar keine gemeinsame Basis, stehen Ihre Chancen weniger gut.

3. Die Stimmung ist merkwürdig

Haben Sie während der Unterhaltung ein komisches Gefühl, wird es mit dem Job vermutlich nichts. Unsere Intuition und das oben schon erwähnte Bauchgefühl sind ein guter Indikator für die sprichwörtliche Chemie und Sympathie. Fühlen sich beide Seiten unwohl, stehen die Chancen wahrscheinlich gegen Sie.

4. Sie erhalten Tipps für die Zukunft

Eine scheinbar nette Geste – aber leider ein ganz schlechtes Zeichen. Gibt Ihnen der Personaler freundliche Hinweise, worauf Sie künftig bei Vorstellungsgesprächen oder Bewerbungen achten sollten, bedeutet das nur: „Machen Sie es beim nächsten Mal besser, denn hier sind Sie leider raus."

Wie Sie Patzer ausbügeln

Fehler und Pannen passieren jedem, sie machen uns menschlicher und sind kein Grund zur Verzweiflung. Ein einziger Fehler führt auch noch nicht zu einer Absage. Also keine Panik. Erste Hilfe für peinliche Pannen und damit die Rettung des Vorstellungsgesprächs ist sogar in vielen Fällen möglich. Sollte Ihnen also mal ein Fauxpas passieren, können Sie bei den häufigsten Patzern Folgendes tun:

Sie haben das falsche Outfit gewählt

Sie haben sich zwar in puncto Kleidung auf das Vorstellungsgespräch vorbereitet, sich aber trotzdem vergriffen. Der schicke dunkle Anzug oder das blaue Kostüm sind zu viel des Guten – overdressed, peinlich. Aber kein Beinbruch. Und erst recht kein Grund, um aus dem Konzept zu geraten. Lassen Sie sich die kleine Unsicherheit nicht anmerken und parieren Sie die Kleiderwahl mit einer Prise Humor und Selbstironie. Damit entschärfen Sie sofort die Lage. Ein Beispiel: „Bitte entschuldigen Sie meine Aufmachung. Das war eine der seltenen Gelegenheiten, mal wieder meinen Anzug anzuziehen, bevor er aus der Mode kommt." Oder: „Übrigens: Sollte ich hier in ein paar Jahren mein Firmenjubiläum feiern, kennen Sie schon jetzt meinen Look. Okay, die Überraschung wäre damit zwar weg, aber ich habe noch mehr in petto ..."

Sie haben den Namen des Ansprechpartners vergessen

Die Vorstellungsrunde ging zu schnell, sodass Sie sich vor lauter Nervosität nicht alle Namen merken konnten. Mitten im Gespräch möchten Sie nun eine bestimmte Person ansprechen – Stammeln wäre aber peinlich, erst recht, wenn es sich um eine hochrangige Person handelt. Da hilft nur entwaffnende Ehrlichkeit: „Vorhin ging alles so schnell, mir ist das selbst peinlich, aber könnten Sie mir bitte noch mal Ihren Namen sagen? Ich werde ihn mir diesmal aufschreiben und merken." Diese Panne bietet Ihnen sogar die Chance für eine Art Running Gag am Ende des Bewerbungsgesprächs: Sprechen Sie diese Person gezielt beim Verabschieden mit Namen an und thematisieren Sie noch einmal, dass Sie den Namen jetzt ganz sicher gespeichert haben. Mindestens ein Lächeln sollte Ihnen daraufhin sicher sein.

Ihr Handy klingelt

Trotz aller Vorausschau kommt dieser echte Fauxpas häufiger vor, als viele meinen. Diese unangenehme Situation können Sie glücklicherweise retten. Die erste Regel: Leugnen Sie das Klingeln nicht. Wenn Ihnen das Geräusch aufgefallen ist, hat es vermutlich auch Ihr Gegenüber gehört. Entschuldigen Sie sich dafür, das Ausschalten vergessen zu haben, und schalten Sie das Gerät jetzt wirklich komplett aus. Ein zweites Mal wird der Fehler nicht verziehen.

Sie haben einen Blackout

Ein Klassiker und Horrortrip für jeden Bewerber: Sie stehen völlig auf dem Schlauch, selbst einfachstes Grundwissen ist wie weggeblasen. Jetzt hilft nur eine Notbremse – so tun, als wäre nichts, würde die Situation nur verschlimmern. Thematisieren Sie den mentalen Aussetzer verbal und bitten Sie um eine kurze Pause oder Bedenkzeit. Dann atmen Sie dreimal tief durch und fangen noch mal neu an. Suchen Sie bitte nie nach Ausflüchten für den Blackout, Rechtfertigungen sehen unsouverän aus – so als übernähmen Sie keine Verantwortung.

3 Tipps, um das Gespräch zu drehen

Auch das kommt vor: Das Vorstellungsgespräch erwischt Sie von Anfang an auf dem falschen Fuß und Sie haben ein mulmiges Gefühl. Der Personaler ist desinteressiert, Ihre Antworten scheinen nicht zu verfangen, das Gespräch entgleitet Ihnen zusehends. Aber noch ist nichts verloren, haken Sie den Job nicht vorschnell ab. Auch ein solches Gespräch lässt sich noch retten.

1. Analysieren Sie kurz die Lage

Falls Sie das Gefühl haben, dass Ihre Antworten nicht zünden, überlegen Sie erst kurz, ob Sie vielleicht zu ausschweifend sind oder zu einsilbig – und wechseln Sie das Schema. Springt der Funke immer noch nicht über, fragen Sie einfach kurz nach: „Habe ich Ihre Frage damit beantwortet? Was möchten Sie darüber hinaus wissen?" Auch hierbei gilt wieder: Wer fragt, der führt. Und Ihr Feedback initiiert wieder einen Dialog.

2. Lassen Sie sich nicht verunsichern

Es ist ja erst einmal nur ein Gefühl. Und mal ehrlich: In einer Stresssituation wird manches überbewertet. Die aktuell unterkühlte Atmosphäre ist vielleicht nur ein taktischer Schachzug des Personalers, der Ihre Reaktion testen will. Bleiben Sie deshalb immer interessiert, professionell und selbstbewusst. Das Schlimmste wäre jetzt, zum Bittsteller zu schrumpfen.

3. Sagen Sie nicht, dass es nicht gut läuft

Die garantiert falsche Taktik wäre, Ihre Gefühle zu thematisieren. Etwa in der Art: „Ich glaube, das Gespräch läuft gerade nicht so, was denken Sie?" Mit der Flucht nach vorn und in die Metaebene bekräftigen Sie den Personaler womöglich nur in seiner negativen Einschätzung. Andersherum wird ein Schuh daraus: Verstärken Sie Positives. Zum Beispiel, indem Sie Ihre Antwort beginnen mit: „Das ist eine gute Frage!" Oder: „Schön, dass Sie mich das fragen ..." Oder: „Klasse, ja, dazu erzähle ich Ihnen gern eine meiner Lieblingsgeschichten ..."

Sie merken schon: Durch diese kurzen Anmoderationen erzeugen Sie sofort eine positive Energie im Raum, strahlen Freundlichkeit und Selbstsicherheit aus. Und genau danach suchen die meisten Personaler – von ein paar Morgenmuffeln mal abgesehen.

Vorstellungsgespräch abbrechen?

Auch darüber müssen wir reden. Es kommt selten vor, aber es kommt vor: Das Vorstellungsgespräch entwickelt sich zur veritablen Vollkatastrophe. Die Atmosphäre bleibt eisig, Ihr Gegenüber ist extrem unhöflich oder stellt völlig indiskutable Fragen, beleidigt oder belästigt Sie vielleicht sogar. Kurzum: Es gibt gute Gründe, das Vorstellungsgespräch abzubrechen. Jetzt. Hier. Sofort.

Ich persönlich rate immer dazu, jedem Menschen eine zweite Chance zu geben. Auch solchen Personalern. Manchmal muss man dazu Grenzen setzen, Courage zeigen und seine Verwunderung aussprechen. Der Job ist damit womöglich verloren, ja. Aber die eigene Selbstachtung ist gerettet. Und vielleicht tun Sie damit wenigstens dem nächsten Bewerber einen Gefallen – oder das Gespräch lässt sich drehen. Also: Vielleicht nicht gleich abbrechen, sondern noch ein paar Minuten ausharren und sehen, wie es sich entwickelt. Das wäre meine Strategie. Schließlich kann man auch an solchen Situationen reifen, etwas fürs Leben lernen und an Größe gewinnen.

Falls Sie aber 10 Minuten später immer noch das deutliche Gefühl haben, dass dieser Arbeitgeber nicht passt, können Sie das Jobinterview tatsächlich vorzeitig abbrechen. Es geht schließlich immer um das gegenseitige Kennenlernen. Deshalb dürfen auch Bewerber wählerisch sein. Wem während des Gesprächs klar wird, dass der Job, die Kollegen oder die Firmenkultur nicht zu einem passen, der muss nicht zwangsweise durchhalten.

Flussdiagramm für schwierige Jobinterviews

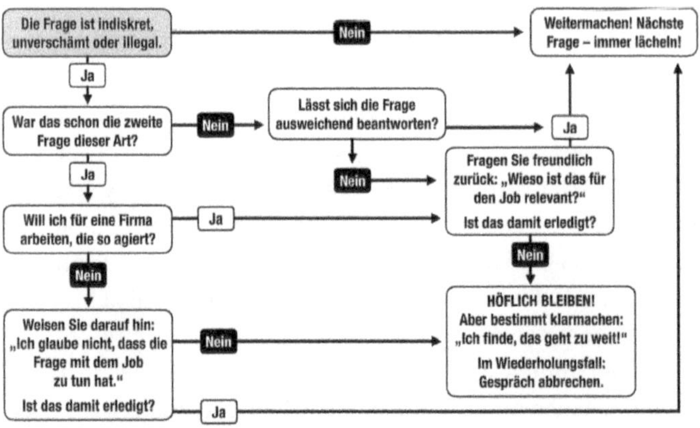

Manchen Unternehmen hilft das negative Feedback sogar. Solange Sie Ihre Kritik wohlwollend und als persönlichen Eindruck schildern und nicht als fundamentale Wahrheit formulieren, ist das eine wichtige und konstruktive Rückmeldung. Profis nehmen den Hinweis dankend an. Aber schauen wir uns die Sache genauer an ...

Professionell abbrechen

Man lässt Sie eine Stunde lang warten, die Arbeitsbedingungen sind mies, der Gesprächspartner ist unverschämt oder Ihre Fragen werden partout nicht beantwortet – all das sind mindestens Warnzeichen. Unter solchen Vorzeichen dürfen Sie jederzeit das Vorstellungsgespräch abbrechen. Ein respektvoller Abgang ist dabei dennoch empfehlenswert – auch wenn man Ihnen gegenüber alles andere als höflich war. Es kann immer sein, dass Sie sich später im Berufsleben noch einmal begegnen. Für diesen Fall ist es gut, Ihren guten Ruf und Ihre Würde zu wahren. Und allein das zählt bei einem Abbruch.

Grundsätzlich gilt dafür: Warten Sie ab, bis Sie das Wort haben. Ihr Gegenüber mitten im Satz zu unterbrechen wäre stillos. Bitten Sie in ruhigem Ton um Entschuldigung, dass Sie das Gespräch an der Stelle nicht weiter fortsetzen möchten. Bedanken Sie sich für die Gastfreundschaft und das bis dahin angenehme Gespräch – an dieser Stelle dürfen Sie beschönigend schummeln. Erklären Sie kurz, dass Unternehmen und Firmenkultur nicht zu Ihnen passen und Sie Ihre Bewerbung deshalb zurückziehen. Aber lassen Sie sich keinesfalls auf eine rechtfertigende Diskussion ein, die endet nie gut. Bitten Sie lieber darum, Ihre Entscheidung zu respektieren, und entschuldigen Sie sich für die Umstände, die Sie verursacht haben. Das alles tut Ihnen natürlich leid, ändert aber nichts an Ihrer Entscheidung, die Sie unkommentiert stehen lassen.

Bedanken Sie sich abschließend für die Chance zur Vorstellung. Bedauern Sie, dass es nicht passt. Dann stehen Sie auf und verabschieden sich höflich und formvollendet – und warten, dass man Ihnen die Tür zeigt. Stürmen Sie nicht einfach heraus – Sie sind nicht auf der Flucht. Werden die Anwesenden allerdings unwirsch, aufbrausend oder empören sich, können Sie auch einfach kommentarlos gehen. Oder Sie sagen so etwas wie: „Es tut mir leid, aber für ein solches Gespräch stehe ich nicht zur Verfügung. Ich wünsche Ihnen noch einen guten Tag."

Entscheidend ist, dass Sie sich auf keinerlei Diskussion einlassen und auch nicht lange um den heißen Brei herumreden. Sagen Sie höflich, was Sache ist. Direkte Vorwürfe sind tabu – auch wenn Ihr Gegenüber versucht, Sie zu provozieren. Die einzig richtige Reaktion darauf ist: „Ich bedauere, dass Sie das so sehen. Es bestätigt aber meine Einschätzung und Entscheidung. Ich bitte um Verständnis, dass ich hierüber nicht weiter diskutieren möchte, und danke Ihnen für das bisherige Gespräch." Ich weiß, die Versuchung ist immer groß, seine Entscheidung zu begründen, Grobheiten zu parieren oder den Auswahlprozess zu kritisieren. Lassen Sie das! Ändern werden Sie damit nichts, Sie machen sich nur kleiner und bieten unnötige Angriffsfläche. Soll ein anderer den Job bekommen – Sie sind raus. Punkt.

Das Wichtigste in Kürze

- Pleiten, Pech und Pannen unterlaufen jedem Menschen mal. Auch im Bewerbungsgespräch. Entscheidend für den Ausgang ist, wie Sie damit umgehen.

- Kleinere Patzer sind kein Weltuntergang. Mit einer Mischung aus Humor, Höflichkeit und Selbstironie lassen sich die meisten Missgeschicke parieren und ausbügeln.
- Achten Sie überdies auf positive wie negative Signale im Subtext. Oft lässt sich am Verlauf des Gesprächs, an speziellen Formulierungen und Fragen erkennen, ob Sie eine Runde weiterkommen oder ob eine Absage droht.
- In seltenen Fällen hilft nur noch die Reißleine: Abbruch des Gesprächs. In dem Fall stehen Sie unbedingt zu Ihrer Entscheidung und lassen Sie sich auf keinen Streit ein. Bedanken Sie sich für die Zeit, entschuldigen Sie sich für die Umstände – und beenden Sie das Interview.

Kapitel 6

DIE NACH-BEREITUNG – DIE HEIMLICHE 6. PHASE

„Motivation ist der Zündschlüssel für Erfolg, Leidenschaft der beste Treibstoff."

KarlHeinz Karius

Nach dem Vorstellungsgespräch ist vor dem nächsten: In großen Unternehmen bleibt es selten bei einem Interview. Oft folgen ein zweites oder gar drittes Gespräch. Auch unter diesem Aspekt ist die Nachbereitung eines Interviews enorm wichtig. Sie wird damit automatisch zur strategischen Vorbereitung auf das nächste Jobinterview – immer mit dem Ziel, Ihre Chancen zu erhöhen.

Unabhängig vom Stand im Bewerbungsprozess und vom Ergebnis des ersten Gesprächs stellt die Nachbereitung die sogenannte „heimliche 6. Phase" dar. Heimlich ist sie, weil Sie allein daran beteiligt sind. Schon auf dem Heimweg vom Gespräch können Sie sich einige Minuten Zeit für eine persönliche Bilanz und Selbstreflexion nehmen. Dabei helfen Ihnen zum Beispiel Fragen wie:

- *Wie ist das Vorstellungsgespräch gelaufen?*
- *War ich mit mir und meinen Antworten zufrieden?*
- *Wenn ja: Was ist gut gelaufen?*
- *Wenn nein: Was würde ich das nächste Mal besser machen?*

Zwischenbilanz mit 2 Fragen

Nachdem Sie das Interview und die Informationen daraus haben Revue passieren lassen, wissen Sie zwar immer noch nicht, wie sich der Arbeitgeber entscheiden wird. Diesen Zeitraum können Sie aber nutzen, um sich selbst zwei entscheidende Fragen zu stellen:

1. Will ich den Job noch?

Wenn sich der Wunscharbeitgeber während des Vorstellungsgesprächs selbst entzaubert hat, weil Sie von ganz anderen Voraussetzungen ausgegangen sind, könnte das ein Grund sein, Ihre Bewerbung zurückzuziehen. Wenn Sie den Job weiterhin wollen, dann stellen Sie sich die nächste Frage.

2. Was muss ich jetzt planen?

Auch ohne endgültige Zusage könnten Sie sich in dieser Phase überlegen, was Sie für die neue Stelle bedenken müssen. Was wollen Sie in den ersten Tagen tun? Brauchen Sie ein Pendlerticket? Wäre ein Umzug sinnvoll? Wenn Sie frühzeitig organisatorische Dinge im Blick haben, gelingt der Einstieg später schneller.

Arbeitgeber-Check: Wie gut ist der Laden wirklich?

Zur Nachbereitung gehört ebenfalls eine gründliche Analyse im Hinblick auf das Unternehmen. Leitfragen helfen Ihnen, zunächst Ihre Eindrücke zu analysieren:

- *Welche Stimmung herrschte vor Ort?*

  ____

- *Wie hat sich der Arbeitgeber präsentiert?*

  ____

- *Wurden alle meine Fragen beantwortet?*

  ____

- *Wo gab es Ausflüchte und Widersprüche?*

  ____

- *Habe ich mich dort grundsätzlich wohlgefühlt?*

  ____

- *Waren mir die anwesenden Personen sympathisch?*

  ____

- *Kann ich mir vorstellen, täglich dort zu arbeiten?*

  ____

- *Hält der Job, was die Stellenanzeige verspricht?*

  ____

- *Stimmen die Rahmenbedingungen, passt das Gehalt?*

  ____

Mit einigen Stunden oder Tagen Abstand fallen Ihnen wahrscheinlich noch mehr Details hierzu ein, die im Stress des Interviews untergegangen sind. Notieren Sie diese! Mit der Nachbereitung schärfen Sie Ihre Wahrnehmung für das Bild, das der Arbeitgeber präsentiert hat. Überdies werden Sie kompetenter bei der Beurteilung von Stellenangeboten. So sammeln Sie nach und nach wichtige Puzzleteile, die Ihnen dabei helfen, den wirklich perfekten Job und Arbeitgeber aufzuspüren. Überdies bin ich ein großer Freund von Subtext und subtilen Signalen. Klar, im

Bewerbungsprozess wollen sich alle (!) von der besten Seite zeigen und die Schattenseiten verbergen. Dabei wissen wir alle: Wo Licht ist, muss es auch Schatten geben. Spüren Sie dem ein bisschen nach und erinnern Sie sich an diese Feinheiten und dunklen Stellen. Sie müssen nicht gleich bedeuten, dass der Laden schlimmer ist als ein Arbeitslager in Nordkorea – aber sie runden das Bild ab. Am Ende entscheiden immer noch Sie, was ein Ausschlusskriterium ist und was eine akzeptable Schwachstelle.

Hinter die Fassade sehen

Lassen Sie uns also noch ein wenig weiter hinter die Fassade des Arbeitgeberimages und des Employer Brandings schauen. Die folgenden 8 Fragen sind meine persönliche Geheimwaffe, um allzu aufpolierte Arbeitgeberfassaden anzukratzen und die wahre Kultur zu enttarnen.

1. Wie sahen die Parkplätze aus?

Gibt es überhaupt Firmenparkplätze? Ihr Fehlen könnte für Pendler in einem dicht besiedelten Gebiet zu Mehrkosten und hohen Parkgebühren führen: Das senkt natürlich Ihr Nettoeinkommen. Noch interessanter ist aber die Hierarchie der Parkplätze. Gibt es feste Parkplätze in Firmennähe nur für Geschäftsführer und VIPs – oder für Kunden, Mitarbeiter mit Kindern und Behinderte? Gibt es einen speziellen Raum für Fahrräder und Tankstellen für Elektrofahrzeuge? Die Antworten geben Aufschluss über die Unternehmenskultur und das vorherrschende Statusdenken.

2. Wie wurden Sie empfangen?

Sie hatten einen Termin, wurden Sie aber auch erwartet? Ließ man Sie einfach in der Lobby schmoren oder hat man Ihnen sofort einen Sitzplatz und etwas zu trinken angeboten? War die Begrüßung herzlich und persönlich, kannte man Ihren Namen und Lebenslauf? Oder fühlten Sie sich eher behandelt wie ein lästiger Besucher bei einem Pflichttermin? Ich finde Wertschätzung gegenüber allen Mitarbeitern – auch gegenüber den potenziellen – enorm wichtig. Sie sehen das bestimmt genauso.

3. Wie gingen die Mitarbeiter miteinander um?

Konnten Sie beobachten, ob die Kollegen auch untereinander freundlich und respektvoll waren? Wirkten sie im Interview locker oder kam ihnen kein einziges überflüssiges Wort über die Lippen? Am Verhalten lassen sich Hinweise auf Teamgeist oder starke Hierarchien ablesen.

4. Wie agierte der Chef?

Waren mehrere Personen anwesend, liefert schon der Kaffee Hinweise: Wer hat ihn eingeschenkt, wer ließ sich einschenken? Überließ der Chef auch anderen das Wort oder versuchte er, das Gespräch zu dominieren? Schlimmstenfalls stinkt der Fisch vom Kopf – solche Chefs stellen bevorzugt Leute ihres Schlages ein.

5. Was verriet die Körpersprache der Anwesenden?

Der Körper ist ein Verräter – und bei der Nachbereitung Ihr Informant. Denken Sie an die kleinen Gesten: Saßen sich alle einander distanziert gegenüber oder kooperativ über Eck? War man Ihnen zugewandt, interessiert – oder ähnelte das Gespräch einem einseitigen Verhör?

6. Wie war die Kleiderordnung?

Haben Sie darauf geachtet, wie andere Mitarbeiter im Haus angezogen sind? Dieses Bild wird später auch Ihren Arbeitsalltag bestimmen und deutet damit schon vorher das Klima an – von konservativ bis modern und leger. Auch das muss natürlich zu Ihnen passen.

7. Wie sahen die Arbeitsplätze aus?

Konnten Sie einen Blick in die Flure und Büros werfen? Büroeinrichtung und Arbeitsplatzdesign offenbaren ebenfalls einiges über Firmenkultur und Arbeitsweise: Sind die Büros offen oder geschlossen? Sind die Schreibtische groß und aufgeräumt, die Stühle bequem? Oder wirkt alles streng und steril? Wenn die Büros ergonomisch eingerichtet sind, wird wirklich in das angeblich so wertvolle „Humankapital" investiert und Mitarbeiter sind nicht nur eine Kostenstelle. Nicht minder aufschlussreich: Gibt es gemütliche Ecken, in denen sich Kollegen treffen und austauschen? Gemeinschaftsräume sprechen Bände – ebenso, wenn sie verwaist sind.

8. Wirkten die Mitarbeiter glücklich?

Wie glücklich die Kollegen sind, kann man ebenfalls erspüren, beim Pförtner angefangen: Wie haben die Menschen dreingeschaut, die Ihnen im Unternehmen begegnet sind? Haben sie auch mal gelacht oder wirkten sie durchweg muffelig und gestresst?

Bonustipp: Wie sahen die Toiletten aus?

Es gibt die sogenannte Toiletten-Theorie. Wissenschaftlich lässt sie sich kaum belegen. Dennoch sage ich aus empirischer Erfahrung: Es steckt viel Wahrheit darin. Die Theorie besagt: Sehen Sie sich das stille Örtchen an – dessen Zustand verrät viel über die wahre Unternehmenskultur! Sind die Toiletten in einem „beschissenen" (Entschuldigung, aber das passt so gut) Zustand, dann könnte das bedeuten: Hier denkt jeder nur an sich – ein einziges Hauen und Stechen. Erst recht, wenn die Kollegen ihrem Nachfolger nicht einmal genug Klopapier hinterlassen oder es wieder auffüllen. Mit anderen Worten: Wirkt der stille Ort gepflegt und sauber, dann spricht das entweder für eine sehr gute Reinigungskraft, die sich das Unternehmen leistet – oder für eine gute Gemeinschaft, bei der man selbst an diesem Örtchen Rücksicht aufeinander nimmt. Ich weiß, steile These, aber überprüfen Sie diese einfach einmal oder erinnern Sie sich an Jobs, die Sie schon gemacht haben. Wie war es dort? Ich sage: Die Theorie trifft ziemlich oft zu. Und ein Gang zu den Waschräumen kann nie schaden.

Selbstanalyse: Wie war ich?

Noch immer wissen Sie nichts Genaues über die Entscheidung des Unternehmens. Der nächste Schritt der systematischen Nachbereitung ist daher, das eigene Verhalten ehrlich zu reflektieren. Etwas zeitlicher Abstand zum Vorstellungsgespräch kann helfen, um wirklich alle Eindrücke zu verarbeiten. Lassen Sie sich aber nicht zu viel Zeit, damit die Erinnerungen noch frisch genug sind. Nehmen Sie sich spätestens zwei Tage später zwei bis drei Stunden Zeit für diese Selbstanalyse. Sie dient nicht dazu, Sie zu verunsichern, im Gegenteil: Sie liefert Ihnen weitere Puzzleteile für Ihre Entscheidung.

Checkliste zur Analyse

Analysieren Sie das Jobinterview gründlich anhand dieser Fragen:

- *War ich gut vorbereitet?*

  ___

- *War ich passend angezogen?*

  ___

- *War meine Selbstpräsentation überzeugend?*

  ___

- *Konnte ich auf kritische Fragen gut antworten?*

  ___

- *Bei welchen Fragen kam ich ins Schlingern?*

  ___

- *Konnte ich meine wesentlichen Qualifikationen vermitteln?*

  ___

- *Konnte ich gute Rückfragen stellen?*

  ___

- *Habe ich etwas Wichtiges vergessen zu sagen, zu fragen?*

- *Was habe ich nicht gut gemacht?*

- *Was kann ich das nächste Mal verbessern?*

- *Was muss ich noch lernen?*

Nutzen Sie Ihre Antworten auch, um Ihre Überzeugungskraft für den nächsten Auftritt in einem Vorstellungsgespräch zu optimieren. Wenn Sie Defizite aufspüren, die Sie allein nicht beheben können, sollten Sie über ein professionelles Coaching nachdenken.

Steigern Sie Ihre Bewerbungschancen um 200 Prozent – per Karrierebibel-Top-Coaching. Ein Kurs, 7 Stunden Videos, 360 Seiten Begleitmaterial, Checklisten, Downloads. Das volle Paket! Fühlt sich an wie ein persönliches 1:1-Coaching und wird von Personalern empfohlen: ***https://karrierebibel.de/akademie/***

Punkten mit dem Dankschreiben

Auch diese Option gehört zu einer professionellen Nachbereitung. Beim sogenannten Follow-up geht es um das Nachfassen mit dem Ziel, einen bleibenden Eindruck zu hinterlassen. Mit einem Dankschreiben werden Sie auch nach dem Vorstellungsgespräch wieder aktiv und können sich zusätzlich profilieren. Aber wie geht das genau?

In einem kurzen (!) Dankschreiben bedanken sich Bewerber im Nachgang für das freundliche Gespräch, können kleinere Fehler korrigieren und zu kurz gekommene Kompetenzen nachträglich hervorheben. In den USA wird die E-Mail oder der Brief danach von Personalern sehr geschätzt, hierzulande nutzen erst wenige Bewerber diese Art der Kommunikation. Deshalb ist es für Sie eine weitere Chance, sich positiv von der Masse der anderen Kandidaten abzuheben. Sie beweisen mit dem generellen „Danke" weitere soziale Kompetenzen, die gut beim Empfänger ankommen, zum Beispiel Empathie, Wertschätzung und den konstruktiven Umgang mit Schwächen. Genau das kann manchmal das Zünglein an der Entscheidungswaage des Personalers sein. Wichtig ist nur, dass Sie das Dankschreiben nicht an unbestimmte „Sehr geehrte Damen und Herren" richten, sondern an Ihren Ansprechpartner aus dem Vorstellungsgespräch. Ein Dankesbrief ist eine kurze persönliche Nachricht, keine Postwurfsendung!

Vorteile des Dankschreibens

Die Vorteile und positiven Nebenwirkungen des Bedankens auf einen Blick:

- *Sie rufen sich ins Gedächtnis.*
- *Sie geben Ihrer Bewerbung eine persönliche Note.*
- *Sie sorgen für einen bleibenden Eindruck.*
- *Sie beweisen Eigeninitiative und erneutes Engagement.*
- *Sie bekräftigen Ihr Interesse an der angestrebten Position.*
- *Sie können Patzer im Vorstellungsgespräch korrigieren.*
- *Auch bei einer Absage beweisen Sie Souveränität und Größe.*

Dankschreiben formulieren

Ein Dankschreiben kostet nur etwas Zeit und Mühe, doch der zusätzliche Aufwand lohnt sich immer. Falls Sie unsicher sind, was Sie darin schreiben sollen, hier eine beispielhafte Formulierung für ein originelles Dankschreiben, mit dem unsere Leserinnen und Kunden schon gute Erfolge erzielt haben:

Sehr geehrte Frau ________,
haben Sie vielen Dank für das freundliche Gespräch am TT.MM.JJJJ. Besonders positiv ist mir die warmherzige und wohlwollende Atmosphäre in Erinnerung geblieben, die mir die anfängliche Nervosität schnell genommen hat. Das Gespräch hat zugleich meinen Wunsch bestärkt, für Sie als ________ zu arbeiten und Sie im Bereich ________ zu unterstützen.
Da die Zeit immer begrenzt ist, möchte ich einen Aspekt aus dem Gespräch erneut aufgreifen, der mir wichtig ist: Bei der Frage nach _______ war ich zuerst ein wenig verunsichert, jetzt aber bin ich mir sicher, dass ich Sie vor allem mit meinen Erfahrungen als ________ bei künftigen Projekten unterstützen kann.
Sofern noch Fragen zu meiner Bewerbung bestehen, stehe ich Ihnen für weitere Auskünfte gern zur Verfügung.
Mit freundlichen Grüßen
[Unterschrift]

Der beste Zeitpunkt

Warten Sie mit einem solchen Schreiben nicht zu lange. Ist das Vorstellungsgespräch gut gelaufen, bedanken Sie sich am besten innerhalb von 48 Stunden per E-Mail. Das wirkt spontaner und authentischer. Nach einem holprigen Verlauf gilt: Melden Sie sich schon früher. Spätestens eine Woche nach dem Interview sollte der Personalverantwortliche den Dankesbrief oder die E-Mail aber auf dem Schreibtisch haben. Danach verpufft die Wirkung.

Keine Reaktion: Was tun?

Die Tage und Wochen ziehen ins Land und Sie warten noch immer auf eine Rückmeldung nach dem Jobinterview? Im Durchschnitt brauchen Arbeitgeber 28,8 Tage vom ersten Bewerbungsgespräch bis zur Einstellung. Grund sind zunehmend aufwendigere Auswahlverfahren und strukturierte Interviews. Eine lange Wartezeit muss also nicht sofort etwas mit Nachlässigkeit oder bösem Willen zu tun haben. Mögliche Gründe, warum Sie noch keine Antwort bekommen haben, sind:

- *Es haben sich mehr Bewerber gemeldet als erwartet.*
- *Die Auswahl dauert länger als geplant.*
- *Ein wichtiger Entscheider ist krank oder im Urlaub.*
- *Das Unternehmen verändert sich, die Stelle wird restrukturiert.*
- *Die Geschäftslage hat sich verschlechtert, die Besetzung steht intern auf der Kippe.*
- *Sie sind nur die zweite Wahl, die Entscheidung des ersten Kandidaten wird abgewartet.*

Falls Sie im Gespräch vergessen haben, danach zu fragen, wie lange der Bewerbungsprozess üblicherweise dauert, können Sie auch später noch nachhaken, wann mit einer Antwort zu rechnen ist. Unisono sagen Personalverantwortliche: Frühestens zwei Wochen nach dem Vorstellungsgespräch dürfen Sie sich telefonisch nach dem aktuellen Stand erkundigen. Das sei völlig legitim und wirke engagiert.

Allerdings gilt hierbei ein fester Grundsatz: Verzichten Sie auf jede Form von Druck. Erstens macht das unsympathisch, zweitens riecht es nach Verzweiflung ... und diesen Eindruck wollen Sie natürlich vermeiden. Manchmal dauern Prozesse einfach länger – siehe oben. Daher sollten Sie bei Ihrem Anruf nie vorwurfsvoll klingen, sondern offen und charmant nachfragen, nach dem Motto: „Benötigen Sie von mir noch Informationen, die Ihnen im Auswahlprozess helfen oder Ihre Entscheidung beschleunigen?“

Schriftlich nachhaken

Sollten Sie am Telefon nicht die erforderlichen Informationen erhalten oder sollten auch nach dem telefonischen Nachfassen wieder Wochen ohne Reaktion vergehen, können Sie das Unternehmen erneut kontaktieren und freundlich daran erinnern, dass Sie noch auf eine Antwort warten. Schreiben Sie dieses Mal eine E-Mail, die so aussehen könnte:

> *Guten Tag, Frau ______,*
> *sicher sind viele Bewerbungen bei Ihnen eingegangen, die entsprechend aufwendig in der Durchsicht sind. Ich möchte Sie auch nicht lange aufhalten, habe aber bisher noch nichts zu meiner Bewerbung von Ihnen gehört. Da ich nach wie vor an der Stelle als ______ (Kennziffer: ______) interessiert bin, möchte ich mich auf diesem Weg erkundigen, bis zu welchem Zeitpunkt ich mit einer Antwort rechnen kann. Über eine kurze Rückmeldung würde ich mich freuen.*
> *Ich danke Ihnen für Ihre Mühe und verbleibe*
> *mit freundlichen Grüßen*
> *[Unterschrift]*

Sollten Sie auch nach mehrmaligem Nachfassen nichts hören, lautet der beste Rat: Vergessen Sie den chaotischen Laden! Das wird im Job später sicher nicht besser.

Zählt eine mündliche Jobzusage?

„Ich denke, es ist nur noch eine reine Formalität. Wir melden uns bei Ihnen, sobald alles bereit ist." Diese Sätze hört jeder Bewerber gern. Das Vorstellungsgespräch lief erfreulich gut, Sie haben eine mündliche Jobzusage. Glückwunsch! Aber wie verbindlich und belastbar ist diese? Bleibt nach einer mündlichen Zusage der Arbeitsvertrag aus und werden Bewerber hingehalten, ist Panik vorprogrammiert. Vielleicht haben Sie den alten Job schon gekündigt oder der befristete Arbeitsvertrag läuft einfach aus. Was also tun, bevor Sie arbeitslos werden?

Hier stehen Sie vor einem echten Dilemma: Rein juristisch und laut Arbeitsrecht ist eine mündliche Zusage rechtsgültig und verbindlich für beide Seiten. Wird vom Personaler eine Jobzusage ausgesprochen und der Bewerber erklärt sich damit einverstanden, entsteht ein gültiger Vertrag. Theoretisch! Das Problem: Die Beweislast liegt beim Bewerber. Ansonsten steht Aussage gegen Aussage ... und solange Sie nicht beweisen können, dass es eine solche Zusage gab, stehen Sie ohne Job da. Das Landesarbeitsgericht Mecklenburg-Vorpommern beispielsweise entschied, dass bei einer mündlichen Zusage die schriftliche Fixierung entscheidend ist. Im Klartext: Ohne Schriftstück ist die mündliche Jobzusage nutzlos.

Was bedeutet das für Sie? Bevor Sie alle anderen Bewerbungen zurückziehen und Ihrem aktuellen Arbeitgeber den Laufpass geben, sollten Sie sich darüber im Klaren sein, dass Anzeichen für eine Jobzusage keine Beweise sind. Sicher ist die Zusage erst, wenn Sie einen unterschriebenen Arbeitsvertrag in den Händen halten. Handeln Sie also nie vorzeitig oder unüberlegt!

Überdies können Sie zur mündlichen Zusage eine schriftliche Bestätigung erbitten. Hat das Vorstellungsgespräch mit einer mündlichen Zusage geendet, bitten Sie die Personalabteilung anschließend, dies schriftlich zu bestätigen. Das kann entweder zeitnah per E-Mail geschehen oder persönlich vor Ort. Fassen Sie dafür die besprochenen Inhalte kurz schriftlich in einem Protokoll zusammen, unterschreiben Sie es und lassen Sie es auch Ihren Ansprechpartner unterzeichnen. Der Mustertext für eine solche Bestätigungs-E-Mail könnte so aussehen:

> *Um sicherzugehen, dass ich unser Gespräch richtig in Erinnerung habe, möchte ich Sie um eine kurze Bestätigung per E-Mail bitten: Wir hatten vereinbart, dass ich mein festes Arbeitsverhältnis bei Ihnen am TT.MM.JJJJ regulär beginne und Sie mir bis zum TT. MM.JJJJ den neuen Arbeitsvertrag zukommen lassen. Ist das so korrekt oder habe ich etwas vergessen?*

Reagiert der Arbeitgeber in spe darauf nicht oder bleibt die Bestätigung aus, sollten Sie hellhörig werden. Mit genügend Beweisen stehen Ihre Chancen zwar gut, die mündlich zugesagte Stelle einklagen zu können. Das wirft allerdings die Frage auf, ob Sie wirklich in einem Unternehmen arbeiten wollen, wenn der Start schon so holprig läuft und die künftige Arbeitsatmosphäre damit unter einem schlechten Stern steht.

Kann ich meine mündliche Zusage zurückziehen?

Das gleiche Prinzip wie oben gilt auch hier, nur mit vertauschten Rollen: Auch Ihre Zusage als Arbeitnehmer ist rechtlich bindend. Der Arbeitgeber kann also verlangen, dass Sie die Stelle antreten, auch wenn Sie das gar nicht mehr wollen. Allerdings ist jetzt der Chef in der Pflicht, Ihre mündliche Jobzusage zu beweisen. War beispielsweise neben dem Personaler auch ein Kollege im Vorstellungsgespräch dabei, hat der Arbeitgeber einen Zeugen.

In diesem Fall bleibt Ihnen nur die schriftliche und rechtzeitige Kündigung vor Arbeitsantritt. Wurde beispielsweise eine Probezeit vereinbart mit einer Kündigungsfrist von zwei Wochen, muss das Kündigungsschreiben dem Arbeitgeber zwei Wochen vor dem offiziellen Arbeitsbeginn zugehen. Auf diese Weise müssen Sie die Stelle nicht antreten.

Immer weiter bewerben!

Auch wenn Sie mit dieser Lektüre Ihre Bewerbungschancen mindestens verdoppeln und Sie ein gutes Gefühl haben: Es kann immer noch eine Absage folgen. Klar, das ist frustrierend. Aber nachdem die erste, verständliche Enttäuschung verflogen ist, sollten Sie den Blick wieder nach vorn richten. Eine Absage ist nie eine Entscheidung GEGEN Sie, sondern eine Entscheidung FÜR einen anderen Bewerber. So schwer es fällt: Nehmen Sie den Korb nie persönlich! Ihre Jobsuche geht jetzt eben noch weiter. Hauptsache, Sie bleiben aktiv.

Die 24-Stunden-Regel

Die 24-Stunden-Regel besagt: Falls Sie eine Absage kassiert haben, dürfen Sie exakt 24 Stunden darüber Trübsal blasen. Danach ist Schluss mit der Trauer, das Leben geht weiter und Sie blicken bitte wieder positiv in die Zukunft! Beim nächsten Vorstellungsgespräch sind Sie mit dieser Einstellung und den gesammelten Erfahrungen erfolgreicher.

Um Feedback bitten

Überdies können Sie nach einem Rückschlag um ein konstruktives Feedback bitten, um daraus zu lernen. Lag es an fehlenden Qualifikationen? Oder war es der Auftritt im Vorstellungsgespräch? Eine Absage müssen Sie nie schweigend hinnehmen: Bitten Sie um Feedback!

Mir ist natürlich klar, dass Personaler wegen des Allgemeinen Gleichbehandlungsgesetzes (AGG) ungern auf solche Anfragen antworten. Die Angst ist zu groß, anschließend wegen Diskriminierung verklagt zu werden. Teilweise gibt es auch eine interne Politik, hierzu ist grundsätzlich nichts zu sagen. Entsprechend sehen auch manche Absageschreiben aus: Worthülsen und Blabla.

Meine Erfahrung ist: Wenn überhaupt bekommen Sie nur telefonisch ein paar konkrete Hinweise. Im Zweifel stünde hier wieder Aussage gegen Aussage, das Risiko für Personaler ist also gering und die Atmosphäre ist ohnehin persönlicher. Obwohl Sie keinen Anspruch auf Auskunft haben, lohnt es sich, ein bisschen Ursachenforschung zu betreiben. Den Job haben Sie sowieso nicht – Sie riskieren also nichts, außer eine zweite Abfuhr. Im besten Fall lässt der Personaler etwas zu den Gründen für die Absage durchblicken. Wenn Sie bei dem Anruf freundlich und mit Fingerspitzengefühl vorgehen, kann es also gelingen, zwischen den Zeilen ein paar wertvolle Informationen zu erhalten. Mindestens demonstrieren Sie damit Ihren guten Willen, sich zu verbessern.

Strategie ändern

Wenn sich die Absagen bereits häufen, wird es höchste Zeit, Ihre Bewerbungsstrategie auf den Prüfstand zu stellen. Am einfachsten wäre es, auf dem Weg des geringsten Widerstands die Schuld bei anderen zu suchen. Zielführender ist aber, sich zu fragen: Was kann ich an welchen Stellen noch optimieren? Konzentrieren Sie sich für die Selbstanalyse auf folgende Fragen:

- *Bewerbe ich mich auf die richtigen Stellen?*

  ____

- *Passt mein Profil zur Arbeitsmarkt-Nachfrage?*

  ____

- *Benötige ich Zusatzqualifikationen? Welche?*

  ____

- *Sind meine Unterlagen wirklich vollständig?*

  ____

- *Passt der Lebenslauf perfekt zur Stelle?*

  ____

- *Habe ich schon ein Bewerbungsvideo genutzt?*

  ____

- *Stimmt meine Motivation?*

  ____

- *Präsentiere ich mich professionell im Interview?*

  ____

- *Was kann/muss ich trainieren?*

  ____

- *Wo kann ich mein Profil weiter schärfen?*

  ____

- *Auch in Netzen wie LinkedIn oder Xing?*

  ____

Ihre Antworten zeigen Ihnen, ob und wo Sie Ihr Vorgehen umstellen müssen oder dass es sinnvoll ist, den Suchradius zu erweitern. Vielleicht hilft es auch hier, ein Training für das Jobinterview zu absolvieren. Nutzen Sie jedenfalls die Absage für die Weiterentwicklung Ihrer Bewerbungsstrategien und schöpfen Sie alle Möglichkeiten aktiv aus, um Ihre Chancen für das nächste Gespräch zu verbessern.

Stellen suchen, Unternehmen recherchieren, Bewerbungen schreiben: Der Bewerbungsprozess kann aufwendig sein. In dem Gewusel aus Optionen verlieren nicht wenige das Ziel aus den Augen – und verzetteln sich. Wie Sie Ihre eigene Bewerbungsstrategie entwickeln und verbessern: ***https://karrierebibel.de/bewerbungsstrategie/***

Checkliste für die Nachbereitung

- ☐ *Sie bewerben sich weiter und steigern so Ihre Chancen.*
- ☐ *Sie reflektieren, was gut und was schlecht gelaufen ist.*
- ☐ *Aus den Fehlern haben Sie für das nächste Gespräch gelernt.*
- ☐ *Entscheiden Sie sich für oder gegen den Arbeitgeber?*
- ☐ *Sie nutzen ein Dankschreiben für einen bleibenden Eindruck.*
- ☐ *Falls Sie nichts hören, haken Sie nach zwei Wochen nach.*
- ☐ *Im Fall einer Absage nehmen Sie diese nie persönlich.*

Das Wichtigste in Kürze

- Nach dem Vorstellungsgespräch ist der Bewerbungsprozess noch nicht vorbei. Nutzen Sie auch die heimliche 6. Phase zur Nachbereitung und um Ihren Standpunkt neu auszurichten. Die Nachbereitung ist mindestens genauso wichtig wie die Vorbereitung!

- Wollen Sie den Job noch und hat der Arbeitgeber überzeugt? Rufen Sie sich die vielen subtilen Signale in Erinnerung, die Sie im Gespräch beobachtet haben. Prüfen Sie, wie gut der Arbeitgeber wirklich ist oder ob er nur eine schicke Fassade aufbaut.
- Reflektieren Sie – ehrlich – auch Ihre eigene Performance. Was können Sie künftig verbessern, was müssen Sie noch trainieren? Manchmal können ein persönliches Coaching oder Online-Kurse sinnvoll sein. Die sind von der Steuer absetzbar und mit dem ersten Gehalt locker bezahlt.
- Nutzen Sie ein Dankschreiben, um sich erneut in Erinnerung zu bringen oder kleinere Pannen zu korrigieren. Eine solche Dankes-E-Mail hat nie negative Effekte.
- Bedenken Sie, dass mündliche Zusagen juristisch zwar bindend sind, die Beweislast aber oft zum Problem wird. Lassen Sie sich mündliche Jobzusagen daher immer schriftlich bestätigen.
- Gleiches gilt, wenn Sie den Job doch nicht mehr wollen. In dem Fall müssen Sie rechtzeitig kündigen, um den Job nicht antreten zu müssen.
- Generell gilt: Immer weiter bewerben. Solange die Tinte unter dem neuen Arbeitsvertrag nicht trocken ist, haben Sie keinen Job. Nutzen Sie die Wartezeit für weitere Jobinterviews und verbessern Sie permanent Ihre Bewerbungsstrategie.

Fazit

Das Vorstellungsgespräch bleibt immer das: ein Gespräch. Keine Prüfung. Kein Test. Es gibt dabei kein echtes Richtig oder Falsch – Sie sollten nur echt und authentisch bleiben. Auch wenn Sie durch dieses Buch viel gelernt haben: Zerbrechen Sie sich den Kopf nicht zu sehr darüber, was schiefgehen könnte. Das Vorstellungsgespräch ist und bleibt in erster Linie eine Gelegenheit, bei der Sie und der Arbeitgeber herausfinden können, ob Sie wirklich zueinander passen.

Mit diesem Buch möchten ich und das gesamte Karrierebibel-Team Sie dabei unterstützen, Ihren persönlichen Traumjob zu finden und auch zu bekommen. Die Chancen stehen gut, denn hierin steckt nicht nur das geballte Wissen aus zig Jahren praktischer Erfahrung. Sie profitieren zusätzlich von unseren weiteren Ratgebern auf Karrierebibel.de, die Sie – wenn Sie mögen – ein Berufsleben lang begleiten können. Ich würde mich freuen, wenn sich unsere Wege auch weiterhin kreuzen und wir Sie mit dem besten Know-how und Praxiswissen maximal unterstützen dürfen. Nutzen Sie das Buch, die Links und QR-Codes darin sowie weitere Tipps auf unserer Seite. Dann wird nicht nur das nächste Vorstellungsgespräch zu einer erfolgreichen Etappe Ihrer Karriere, sondern auch alle weiteren Schritte.

Ich wünsche Ihnen dabei viel Erfolg!

Literaturverzeichnis

Hell, Silke: Das Vorstellungsgespräch. Die besten Strategien, die schlagkräftigsten Argumente: So überzeugen Sie Ihren neuen Arbeitgeber (dtv)

Hesse, Jürgen / Schrader, Hans Christian: Training Vorstellungsgespräch (STARK)

Mai, Jochen: Die Karrierebibel. Definitiv alles, was Sie für Ihren beruflichen Erfolg wissen müssen (dtv)

Mai, Jochen: Die perfekte Bewerbung (Books4Success)

Müller-Thurau, Claus Peter: 101 Fragen und Antworten im Vorstellungsgespräch – inkl. Augmented-Reality-App (Haufe-Lexware)

Püttjer, Christian / Schnierda, Uwe: Das überzeugende Vorstellungsgespräch für Führungskräfte (Campus)

Stärk, Johannes: Erfolgreich im Vorstellungsgespräch und Jobinterview (Goldmann)

Willmann, Hans-Georg / Engst, Judith: Professionelles Bewerben. Von der Jobsuche bis zur Zusage (Bibliographisches Institut)

Mehr Tipps von Karrierebibel im Internet

Sie wollen noch mehr Ratgeber, Impulse und Inspirationen? Dann folgen Sie unseren Profilen im Internet und in den sozialen Medien. Scannen Sie dazu einfach die QR-Codes mit der Kamera Ihres Smartphones ein.

Website
https://karrierebibel.de/

Instagram
https://www.instagram.com/karrierebibel/

Facebook
https://www.facebook.com/karrierebibel

YouTube
https://www.youtube.com/user/Karrierebibel/

LinkedIn
https://www.linkedin.com/in/jochenmai/

karriere bibel
JOCHEN MAI
BOOKS4SUCCESS
DIE PERFEKTE BEWERBUNG
Unterlagen optimieren.
Aus der Masse hervorstechen.
Zum Vorstellungsgespräch eingeladen werden.
Die beste Bibliothek zum Thema Karriere

Jochen Mai:
Die perfekte Bewerbung

Dieser Band von Jochen Mais „Karrierebibel-Bibliothek" widmet sich dem Einstieg in die berufliche Laufbahn: der erfolgreichen Bewerbung. Es beginnt mit den Basics: Anschreiben, Lebenslauf, Deckblatt, Motivationsschreiben, Anlagen – Bewerbungsunterlagen müssen professionell und vollständig sein, der Adressat muss aber auch die für ihn wichtigen Punkte schnell und einfach finden. Unter anderem geht es um folgende grundlegende Fragen: Bewerbe ich mich schriftlich, online oder per E-Mail? Welche Rolle spielen soziale Medien mittlerweile? Was für ein Foto sollte ich nehmen? Was muss in den Lebenslauf – und was nicht? Welche Hobbys sind gut und welche eher weniger?

Jochen Mai gibt hilfreiche Antworten und wertvolle Ratschläge. Nach Lektüre dieses Buchs sind Sie fit für den Pitch Ihres Lebens – Sie als künftiger Mitarbeiter Ihres Wunscharbeitgebers!

Aus dem Buch

Lebenslauf optimieren

Jeder Lebenslauf lässt sich optimieren. Manchmal sind es nur Details, die aber große Wirkung entfalten. Deshalb verrate ich Ihnen hier noch ein paar geniale Tipps und Tricks, die wir regelmäßig beim Optimieren von Lebensläufen nutzen und damit jedes Mal Erfolg haben.

Layout

Für jedes Layout gilt der Grundsatz: *Form follows function.* Die Aussagekraft ist wichtiger als das Design. Für eine klare und übersichtliche Struktur sollten Sie daher alle Abschnitte einheitlich formatieren. Bedeutet: Zwischenüberschriften haben dieselbe Schriftart und -größe. Zeitangaben stehen immer links im selben Format (MM/JJJJ). Beschreibungen der Stationen stehen rechts. Weichen Sie davon nicht ab. Das gibt dem Leser maximale Orientierung.

Schriftarten

Verwenden Sie im Lebenslauf maximal zwei unterschiedliche Schriftarten. Eine größere Anzahl wirkt chaotisch und unstrukturiert. Oberstes Gebot: Die Schriften müssen gut lesbar sein. Bewährt haben sich für den Fließtext sogenannte Schriften mit Serifen (Times New Roman, Georgia, Cambria, Courier). Für Überschriften wählen Sie besser Schriftarten ohne Serifen (Arial, Helvetica, Verdana, Tahoma).

Um die Übersichtlichkeit zu erhöhen, können Sie lieber mit unterschiedlichen Schriftschnitten (normal, fett, kursiv) arbeiten, statt die Schriftarten zu variieren. Sie könnten zum Beispiel die Zeitangaben kursiv setzen, die Positionsbezeichnung dagegen immer in Fettdruck. Das Auge gewöhnt sich daran, die Bewerbung bekommt Struktur. Aber bitte nicht übertreiben!

Schriftgrößen

Auch mit unterschiedlichen Schriftgrößen können Sie die Übersichtlichkeit erhöhen. Die größte Schriftgröße gebührt natürlich Ihrem Namen und dem Lebenslauf-Titel. Absteigend wählen Sie maximal zwei bis drei weitere Schriftgrößen, um ein einheitliches Schriftbild zu erhalten.

Achten Sie aber auf das ausgewogene Verhältnis der Größen. Die Schrift Arial zum Beispiel sieht in 11 Punkt aus wie eine 12-Punkt-Schrift. Calibri oder Verdana wirken in 12 Punkt viel größer als Times New Roman. Wählen Sie also zu Ihrer Schriftart stets die passende Schriftgröße, sodass alles harmonisch wirkt.

Dieses Schema von Schriftarten und -größen behalten Sie bitte auch bei Bewerbungsschreiben, Deckblatt und Motivationsschreiben bei. So wirkt alles wie aus einem Guss.

Gestaltungselemente

Betonen Sie Überschriften wie „Beruflicher Werdegang" oder Signalwörter wie Jobbezeichnungen oder wichtige Kompetenzen mit fetter Schrift, die fällt sofort auf. Mit dünnen und dezenten Linien lenken Sie wiederum den Lesefluss und die Blickrichtung des Lesers. Eingängige Icons, Grafiken oder Diagramme können das Schriftbild auflockern und können Aussagen auf kleinem Raum verdichten. So lassen sich zum Beispiel Hobbys wie Fußball, Fotografie oder Kochen ebenso als Icon (Ball, Kamera, Kochlöffel oder -mütze) darstellen.

Farben

Die wichtigste Regel für die Lebenslauf-Farben lautet: Gehen Sie sparsam damit um – vor allem in konservativen Branchen. Bei Banken oder Versicherungen kommen knallbunte Lebensläufe nicht gut an. Der tabellarische Lebenslauf sollte nicht mehr als EINE Schmuckfarbe haben. Clever ist, die Farbe passend zum Unternehmen zu wählen – also beispielsweise dessen Logofarbe oder Corporate Design zu übernehmen. So signalisieren Sie subtil, dass Sie eigentlich schon ein Teil der Firma sind oder sich zumindest stark damit identifizieren.

Inhalt

Ein letzter Tipp noch zum Inhalt: Wir achten beispielsweise immer penibel darauf, dass möglichst alle in der Stellenanzeige genannten „Muss-Qualifikationen" im Lebenslauf wortwörtlich genannt werden – und ein bisschen Mehrwert darüber hinaus. Ich kenne viele Personaler, die hier nach einer Art Checklisten-System Bewerber scannen, Motto: „Ist vorhanden – check; ist nicht vorhanden ..." Das eigene Stellenangebot dient dabei so gut wie immer als Blaupause. Indem Sie Ihren Lebenslauf daraufhin prüfen und abhaken, steigern Sie Ihre Bewerbungschancen und kommen meist eine Runde weiter.

Übrigens: Auch aus bisherigen Vorstellungsgesprächen können Sie lernen, wie Sie Ihre Bewerbungsunterlagen optimieren. Fragen Sie sich zum Beispiel:

- *Welche Themen und Fähigkeiten waren im Gespräch wichtig?*
- *Bei welchen Stationen wurde oft nachgefragt?*
- *Bei welchen Angaben gab es den größten Klärungsbedarf?*
- *Welche der angesprochenen Themen sind im Lebenslauf nicht abgedeckt?*
- *Welche Punkte sollte ich stärker betonen?*
- *Welche Stärken kamen nicht genug zur Geltung?*
- *Welche Defizite und Lücken wurden deutlich?*

Mit ehrlichen Antworten auf diese Fragen können Sie Ihren Lebenslauf optimieren und damit die Chancen bei weiteren Bewerbungen erhöhen.

TIPP
Auch das Weglassen und Streichen kann eine Form der Optimierung sein. Viele Bewerber meinen, viel hilft viel, und wollen möglichst alles nennen, was sie können. Falsch! Der Lebenslauf ist keine Chronik, sondern immer noch ein Werbemittel für einen Job. Gute Argumente werden nicht stärker dadurch, dass man sie mit 10 schwachen verwässert. Auch wenn es schwerfällt: Trainieren Sie, sich zu fokussieren, und versetzen Sie sich in Ihren Leser: Was für den Job irrelevant ist – streichen! Wer soll das lesen wollen?

Lücken im Lebenslauf

Lücken im Lebenslauf sind immer wieder ein Thema bei der Bewerbung. Weiter vorne klang es schon an: Zwischen zwei Jobs spricht man erst ab mehr als drei Monaten von einer „Lücke". Bei Berufseinsteigern ist diese Zeitspanne sogar größer: bis zu sechs Monate. Alles darunter gilt als „berufliche Orientierungsphase". Geschäftsführern und Vorständen wird sogar eine Frist von bis zu einem Jahr zugesprochen, bis sie einen neuen Job gefunden haben. Und aktuell sprechen Profis von einer „Corona-Lücke": Wegen der Pandemie darf die berufliche Neuorientierung ebenfalls bis zu einem Jahr dauern.

Überdies gibt es Lücken im Lebenslauf, die keine sind: die Elternzeit zum Beispiel. Oder eine längere Krankheit, Studienwechsel, die Pflege von Angehörigen oder eine (kurze) Arbeitslosigkeit, ein Sabbatical ... Mein Tipp: Gehen Sie damit stets selbstbewusst um! Nie verschweigen oder verschleiern. Die angeblichen Tricks, die Sie dazu im Internet finden, untergraben nur Ihre Glaubwürdigkeit und schüren Misstrauen gegen den Bewerber.

karriere bibel
JOCHEN MAI
ICH VERDIENE MEHR!
Erfolgreich verhandeln.
Clever argumentieren.
Mehr verdienen.
BOOKS4SUCCESS
Die beste Bibliothek
zum Thema Karriere

Jochen Mai:
Ich verdiene mehr!

Wer arbeitet, der will auch etwas verdienen. Und wie viel man verdient, hängt nicht nur von Schulabschluss, Ausbildung und Berufserfahrung ab, sondern auch davon, wie gut man sein Gehalt verhandeln kann. Jochen Mai steht in seinem Blog „Karrierebibel" jeden Monat vier Millionen Lesern mit Rat und Tat in Sachen Beruf und Karriere zur Seite. Mit seinem praktischen Ratgeber „Ich verdiene mehr!" gibt er Ihnen nun kompakt und auf den Punkt fundierte Tipps, Tricks und Strategien an die Hand, mit denen Ihre nächste Gehaltsverhandlung zum Kinderspiel wird. Unter anderem beantwortet er Fragen wie: Wie ermittle ich meinen Marktwert? Wie viel mehr Gehalt kann ich verlangen? Wie überzeuge ich meinen Chef von der Erhöhung?

Seien Sie für die nächste Gehaltsverhandlung so gut vorbereitet wie nie zuvor und holen Sie sich, was Sie verdienen! Jochen Mai hilft Ihnen dabei.

Aus dem Buch

1. Wann ist ein guter Zeitpunkt für die Gehaltsverhandlung?

A. Vor dem Sommer, da der Chef im Sommerloch Zeit hat, sich mit meinem Anliegen zu beschäftigen.
B. Im Frühjahr, wenn Budgets geplant und ausgehandelt werden.
C. Zum Ende des Jahres, wenn der Vorgesetzte sich Gedanken über das kommende Jahr macht.

2. Wie sollten Sie die Verhandlung beginnen?

A. Sie machen das erste Angebot.
B. Sie warten darauf, dass der Chef ein erstes Angebot unterbreitet.
C. Beide Seiten machen gleichzeitig ein Angebot und suchen einen Kompromiss.

3. Wann sollten Sie eine Gehaltsverhandlung lieber verschieben?

A. Wenn Sie so viel arbeiten, dass Sie keine Zeit dafür haben.
B. Wenn die Auftragslage im Unternehmen gerade schlecht ist.
C. Wenn mehrere Kollegen im Urlaub sind.

4. Welche Formulierung verspricht den meisten Erfolg?

A. Meine Gehaltsvorstellung liegt bei einem Jahresbruttogehalt von 48.000 Euro.
B. Ich stelle mir ein Jahresbruttogehalt von 49.100 Euro vor.
C. Ein Jahresbruttogehalt von 48.750 Euro entspricht meinen Vorstellungen.

5. Was tun Sie, wenn Ihr Chef der Gehaltserhöhung widerspricht?

A. Ich entkräfte die Argumente, indem ich durch meine Leistungen und Erfolge erkläre, welchen Mehrwert ich dem Unternehmen bringe.
B. Ich verstehe die Begründung und weiß, was der Chef sagen möchte, bestehe aber darauf, mehr Geld zu bekommen.
C. Ich muss dem Chef zustimmen und frage nach, ob die Ausgangslage für eine Gehaltserhöhung in nächster Zeit besser wird.

6. Ihr Chef erklärt, dass die Erhöhung unmöglich ist, und bietet weniger an. Wie reagieren Sie?

A. So lasse ich nicht mit mir umspringen! Ich mache deutlich, dass ich notfalls kündige und mir einen anderen Job suche, bei dem ich geschätzt und besser bezahlt werde.

B. Ich versuche die Verhandlung weiter voranzutreiben, komme dem Chef mit meiner Vorstellung ein Stück entgegen und suche einen Kompromiss.
C. Eine geringere Gehaltserhöhung ist immer noch besser, als gar nichts zu bekommen. Ich stimme zu, bevor die Stimmung umschlagen kann.

7. Wie viele Argumente sollten Sie zur Gehaltsverhandlung haben?

A. So viele wie möglich. Wer genügend vorbringt, lässt dem Chef keine Chance, alle Argumente zu kontern.
B. Meine Arbeit ist ausschlaggebend genug. Das sollte genügen.
C. Drei bis vier Argumente sind eine gute Anzahl, wobei ich versuche, unterschiedlich starke Begründungen präsentieren zu können.

8. Wie argumentieren Sie für Ihre Gehaltsforderung?

A. Ich habe erfahren, dass andere Kollegen bei gleicher Arbeit mehr verdienen. Eine Anpassung ist daher nur logisch.
B. Ich verdeutliche meine Leistungen sowie meine Weiterentwicklung in den letzten Monaten, um zu zeigen, dass mein Wert gestiegen ist und wie das Unternehmen von mir profitiert.
C. Ich erkläre meinem Gegenüber, dass ich bessere Angebote erhalten habe und wahrscheinlich wechseln werde, wenn mein Gehalt nicht erhöht wird.

Fun Fact:
Wer an Geld denkt, dem wird kalt

Das Thema Geld lässt kaum jemanden kalt. Und doch könnte es sein, dass Ihnen bei dem Quiz gerade kalt geworden ist. Das würde dann die Studien um Leonie Reutner von der Universität in Basel und ihren Kollegen der Universität in Salzburg bestätigen. Danach wird einem schon beim Gedanken an Geld kälter. Faszinierend, dass allein schon Gedanken unser Temperaturgefühl und unsere Temperaturwahrnehmung beeinflussen.

Auflösung zum Quiz

Frage 1 – Antwort B
Oft wird empfohlen, Gehaltsverhandlungen im Frühjahr aufzunehmen, weil zu diesem Zeitpunkt die Budgets für das Jahr geplant werden. Darüber hinaus gibt es Studien, die sagen, man solle eine Gehaltsverhandlung beginnen, kurz bevor Sie ein wichtiges Projekt abschließen. Zu diesem Zeitpunkt sind Wertschätzung und Wichtigkeit der betreffenden Mitarbeiter am höchsten.

Frage 2 – Antwort A
Die beste Strategie ist, selbst das erste Angebot zu unterbreiten. So zeigen Sie, dass Sie eine genaue Vorstellung von Ihrem Wert haben, und geben gleichzeitig das Basisangebot ab, von dem aus weiterverhandelt wird.